AF593083

PRÉFACE

Nos **Premières Leçons de Sciences**, établies sur un plan nouveau, sont soigneusement adaptées au programme du Cours élémentaire des Écoles primaires.

Le but que nous nous sommes proposé en composant cet ouvrage est de faire appel à l'*esprit d'observation* des élèves plutôt qu'à leur mémoire.

Chaque leçon, disposée sur deux pages se faisant face, comprend :

1° Sur la page de gauche, un **texte** à lire, rédigé sous la forme d'une leçon de choses;

2° Sur la page de droite, des **exercices oraux et écrits** : questions de contrôle et d'intelligence, devoirs et résumés qui permettent au maître de s'assurer que la leçon a été comprise et retenue.

En outre, et pour rendre l'enseignement plus concret, nous avons proposé, par endroits, des **expériences** d'une exécution des plus faciles.

Mais c'est, surtout, **l'illustration** de ce petit volume qui constitue son originalité caractéristique. L'enfant, a-t-on dit, est tout yeux, et nul autre sens que la vue ne lui fournit aussi rapidement autant de connaissances distinctes et précises. C'est pourquoi nous avons accordé dans notre ouvrage une place prépondérante à l'illustration. Les quatre gravures de la page de gauche sont le complément *théorique* du texte; les trois gravures de la page de droite représentent, au contraire, des scènes *pittoresques*, dont l'analyse provoquera la réflexion des élèves et leur suggérera des idées et des notions diverses.

Sachant, enfin, le goût très vif des jeunes enfants pour le **dessin**, et aussi afin de donner satisfaction à leur besoin d'activité, nous avons proposé à la fin de chaque leçon quelques gravures au trait, faciles à reproduire. Les élèves sont, de la sorte, constamment occupés de l'œil ou de la main, et leurs facultés d'observation et d'initiative sans cesse sollicitées.

PRÉFACE

P. LEDOUX

Ancien Instituteur public, Professeur au Collège Chaptal
Docteur ès sciences.

PREMIÈRES LEÇONS
de
Sciences Usuelles

RÉDIGÉES CONFORMÉMENT AUX PROGRAMMES DE L'ENSEIGNEMENT PRIMAIRE

Ouvrage illustré de 390 gravures

COURS ÉLÉMENTAIRE

PARIS
LIBRAIRIE HACHETTE ET Cie
79, BOULEVARD SAINT-GERMAIN, 79

1914

LE BLÉ, LA FARINE, LE PAIN

Le paysan sème le blé dans un sol bien préparé.

LECTURE

1. Le cultivateur laboure le champ avec la charrue. Il sème le *blé* et le recouvre de terre avec la herse.

2. Le grain de blé germe dans le sol humide. Il laisse sortir un petit pied de blé dont les racines s'enfoncent dans le sol, tandis que la tige et les premières feuilles se dressent en l'air. En juin, les tiges portent de beaux épis, contenant parfois plus d'une centaine de grains chacun.

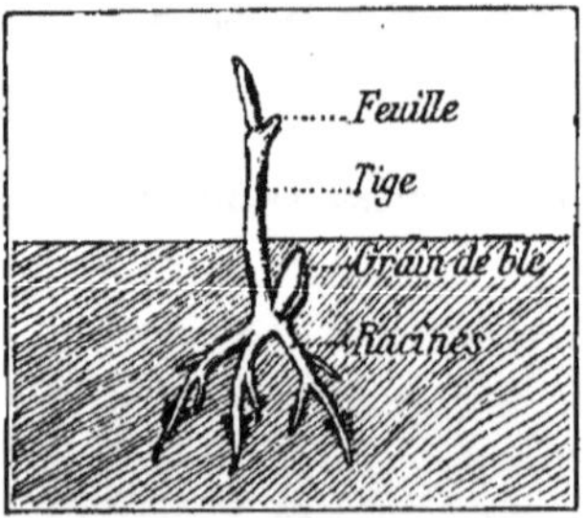

Le grain de blé, mis en terre, germe et prend racine.

3. En été, quand le blé est mûr, on le coupe à la faux ou à la machine. C'est la *moisson*. Ensuite on le bat pour faire sortir les grains des épis.

Le meunier moud le blé pour en faire de la farine.

4. Au moulin, on écrase les grains de blé sous des meules pour obtenir la *farine* et la séparer du son. Le *son* est formé par l'enveloppe du grain.

5. Avec de la farine, de l'eau et du sel, le boulanger fait une *pâte*. Il y ajoute un peu de *levain*, formé de vieille pâte, qui fait gonfler le pain et le rend plus léger. La pâte cuite au four devient du *pain*.

Avec la farine, le boulanger fait le pain.

Il ne faut pas jeter le pain que vos parents ont gagné avec peine et dont manquent beaucoup de pauvres gens.

LE BLÉ, LA FARINE, LE PAIN

Courage! laboureur! ton travail fait vivre le genre humain.

EXERCICES ORAUX

1. Avec quel instrument laboure-t-on la terre? — *Avec quel instrument recouvre-t-on le blé de terre? — Comment laboure-t-on la terre du jardin?*

2. Comment germe le grain de blé?

3. Avec quels instruments coupe-t-on le blé? — Pourquoi bat-on le blé?

4. Que fait-on du blé au moulin?

5. Comment fait-on le pain? — *Qu'arriverait-il si on n'ajoutait pas de levain à la pâte? — Comment chauffe-t-on le four?*

Sous le grand soleil d'été, les paysans font la moisson.

EXERCICES D'OBSERVATION

1. Faire germer des grains de blé dans une assiette contenant un peu d'eau.
2. Écraser un grain de blé pour distinguer la farine et le son.

DEVOIR

Dire, à l'aide des mots de la lecture, ce que fait : 1° Le *semeur* — 2° Le *moissonneur* — 3° Le *batteur* — 4° Le *meunier* — 5° Le *boulanger*.

Que de travail a coûté un morceau de pain!

LEÇON. — **Le blé, semé en automne, est récolté en été. On le bat; on le moud pour obtenir la farine qui sert à faire le pain.**

Dessins au trait.

Moulin à vent.

Pain.

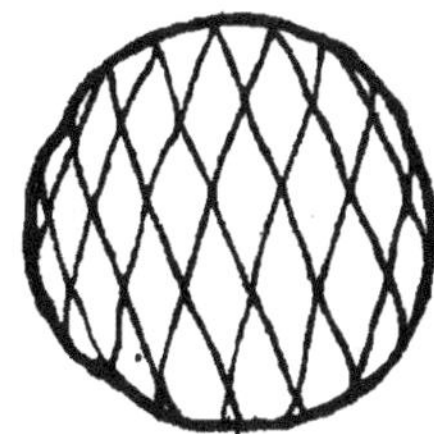

Galette.

La grappe de raisin est le fruit de la vigne.

Un vignoble est un champ planté de vignes.

On écrase le raisin à l'aide d'un pressoir.

On soutire le vin de la cuve pour le mettre en tonneau.

LECTURE

1. Le *raisin* est le fruit de la vigne. Il est formé de grains disposés en grappes. Il y a du raisin noir et du raisin blanc.

2. A l'automne le raisin est mûr; alors on le coupe. C'est la *vendange*. Les vendangeurs emportent le raisin dans des paniers ou des hottes qu'ils vident dans des tonneaux.

3. On presse le raisin dans des cuves pour en faire sortir le jus sucré. Au bout de quelques jours, le sucre du jus *fermente*, c'est-à-dire qu'il se transforme en partie en alcool.

4. C'est la peau des grains de raisin qui donne au vin sa couleur rouge. Quand on soutire tout de suite le jus du raisin pour le séparer du *marc*, c'est-à-dire de l'enveloppe des grains, on obtient du vin blanc. On peut ainsi faire du vin blanc avec du raisin noir.

5. Il faut toujours boire le vin étendu d'eau pour modérer l'action de l'alcool qui est nuisible.

LA VENDANGE ET LE VIN

EXERCICES ORAUX

1. Quel arbrisseau produit le raisin? — Quelle est la couleur du raisin?

2. En quelle saison fait-on la vendange? — Comment transporte-t-on le raisin?

3. Pourquoi presse-t-on le raisin? — Que se passe-t-il dans la cuve où l'on a pressé le raisin? — *Pourquoi le raisin qui n'est pas bien mûr ne donne-t-il pas de bon vin?*

4. Quelle est la couleur du jus de raisin noir? — Pourquoi le vin fabriqué avec ce raisin est-il rouge?

5. *Quels sont les inconvénients du vin pris avec excès?*

Vendangeurs et vendangeuses coupent les grappes.

EXERCICE D'OBSERVATION

Écraser des grains de raisin blanc et des grains de raisin noir et comparer la couleur du jus.

Le vin clair sort du tonneau et est mis en bouteilles.

DEVOIR

Compléter, à l'aide des mots de la lecture, les phrases suivantes : *Le raisin est le fruit .... — A l'automne, on .... — La récolte du raisin s'appelle .... — Les ouvriers qui cueillent le raisin sont les ....*

LEÇON. — **On fait le vin avec le jus du raisin. Le vin est une excellente boisson à condition qu'on n'en abuse pas.**

Quelle misère peut causer l'abus des boissons alcooliques.

Dessins au trait.

Grappe de raisin.

Entonnoir de vigneron.

Tonneau.

HISTOIRE D'UNE BOUCHÉE DE PAIN

Pour vivre, nous avons besoin de manger.

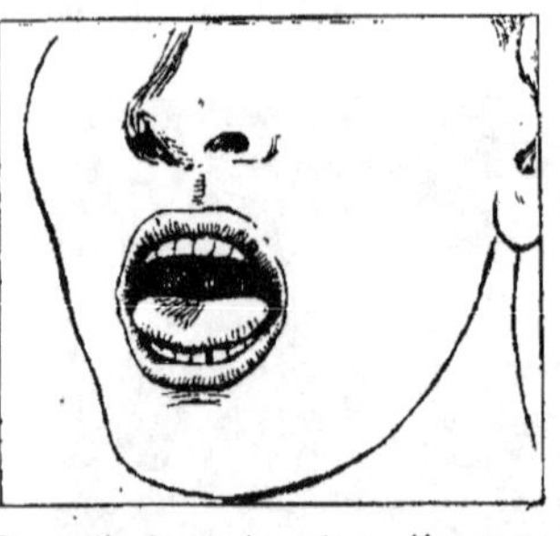

Dans la bouche, les aliments sont broyés par les dents.

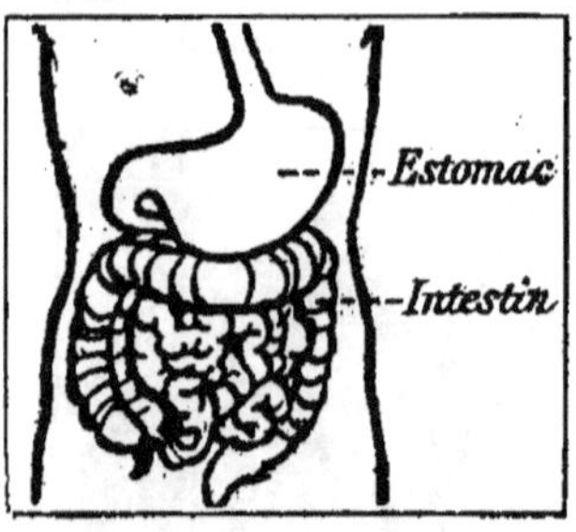

Ensuite les aliments descendent dans l'estomac, puis dans l'intestin.

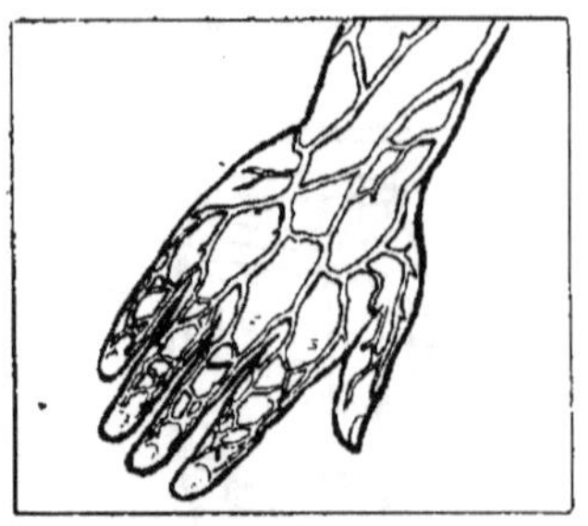

Devenus liquides, les aliments entrent dans le sang.

LECTURE

1. Quand vous avez bien travaillé ou bien joué, vous êtes fatigués et vous avez faim. Vous réparez vos forces en mangeant.

2. Sans que vous vous en doutiez, c'est le pain et les aliments que vous mangez qui vous fortifient et vous font grandir. Si vous ne mangiez pas suffisamment, vous deviendriez bientôt très faibles.

3. La bouchée de pain est d'abord broyée par les *dents* dans votre *bouche* et mouillée par la *salive*. Elle est ensuite conduite dans l'*estomac*, puis dans l'*intestin*, où elle se change en une sorte de bouillie très claire. C'est cette bouillie qui servira à former le sang qui nourrit toutes les parties de notre corps.

4. Regardez le dessus de votre main. Vous voyez sous la peau des sortes de lignes bleuâtres. Ce sont des vaisseaux qui renferment le sang. Ce sang circule ainsi dans tout notre corps, grâce aux battements du cœur que vous sentez en posant la main sur votre poitrine.

HISTOIRE D'UNE BOUCHÉE DE PAIN

EXERCICES ORAUX

1. Quand avez-vous faim?

2. A quoi servent les aliments que vous mangez? — *Quand manquez-vous d'appétit?*

3. A quoi servent les dents?

4. Quelle est l'utilité de la salive? — Où la bouchée de pain se rend-elle après avoir été broyée par les dents? — Où est conduite la bouillie préparée dans l'estomac? — A quoi sert le sang? — *Quels sont les principaux aliments?*

5. Qu'appelle-t-on vaisseaux sanguins? — *Quelle est la couleur du sang?* — A quoi sert le sang? — Le sang reste-t-il toujours aux mêmes endroits dans notre corps?

DEVOIR

Compléter les phrases suivantes à l'aide des mots de la lecture :

Dans la bouche, les aliments sont broyés par ..., et sont mouillés par .... Ils descendent ensuite dans ..., puis dans l'.... Ce sont les aliments qui servent à former le ....

LEÇON. — **Les aliments comme le pain, la viande, les légumes se transforment en sang. Le sang circule dans les veines et les artères.**

Les ménagères vont au marché faire leurs provisions.

A la cuisine, la maman prépare le repas.

On est heureux de se réunir à table en famille.

Dessins au trait.

Dent.

Poisson.

Pomme.

Nous mangeons la chair des animaux domestiques.

La viande du porc est utilisée en charcuterie.

Nous mangeons aussi de la volaille et du gibier.

Nous mangeons encore des légumes et des fruits.

LECTURE

1. Avec le pain, nous mangeons de la *viande* et des *légumes*. Les principales viandes de *boucherie* sont celles du bœuf, du mouton, du veau et du porc.

2. La chair des *volailles* : poulet, canard, oie, dinde et pigeon, est très estimée parce qu'elle est légère et facile à digérer.

3. On chasse comme *gibier* la perdrix, la caille, le lièvre, le lapin de garenne. Le lapin domestique est élevé pour sa chair.

4. Nous utilisons aussi pour notre nourriture la chair des *poissons d'eau douce* : carpe, brochet, goujon, etc., et celle des *poissons de mer* : sole, raie, hareng, maquereau, etc.

5. Nous consommons également des *légumes* comme les carottes, les navets, les choux, les salades, les pommes de terre, les haricots, les lentilles et les pois.

6. Les *fruits* : pommes, poires, raisin, fraises sont des aliments rafraîchissants.

LES ALIMENTS

EXERCICES ORAUX

1. Quelles sont les principales viandes de boucherie?

2. Quelles sont les volailles que nous utilisons dans notre alimentation?

3. Pourquoi la chair de volailles est-elle recherchée?

4. Citez les poissons de rivière que vous connaissez. — Citez des poissons d'eau de mer qui servent à nous nourrir.

5. *Peut-on se nourrir uniquement de viande?* — Citez les principaux légumes qu'on mange verts. — Et des légumes qu'on mange secs.

6. Nommez les fruits que vous connaissez.

DEVOIR

Écrivez le nom de trois aliments animaux. — Écrivez le nom de trois animaux chassés comme gibier. — Écrivez le nom de trois poissons que vous connaissez. — Écrivez le nom de trois aliments végétaux les plus usités.

LEÇON. — **Les principaux aliments sont : la viande de boucherie, la chair de volailles et de poissons. Les légumes et les fruits sont des aliments rafraîchissants.**

Pan! pan! l'adroit chasseur a tué un perdreau.

Le pêcheur compte bien rapporter une bonne friture de goujons.

On abat les fruits à cidre en octobre.

Dessins au trait.

Poule.

Haricot.

Fraise.

L'eau de mer est salée : on peut en séparer le sel.

Pour retirer le sel de l'eau de mer, on évapore l'eau.

On trouve aussi du sel dans le sein de la terre.

Le grain de sel est formé d'une masse de petits cubes.

LECTURE

1. L'eau de la mer n'est pas bonne à boire, car elle contient du *sel*.

2. Pour retirer le sel de l'eau de mer, on la fait arriver dans des bassins peu profonds, appelés *marais salants*. Sous l'action de la chaleur du soleil, l'eau de mer s'évapore, c'est-à-dire se transforme en vapeur. Le sel reste au fond des bassins; on le ramasse; on le fait sécher en tas.

3. On trouve également du sel en masses considérables dans le sol. C'est le *sel gemme*, qu'on extrait en gros blocs et qu'on écrase ensuite en grains.

4. Regardez ce gros sel gris. Vous y voyez, avec des fragments irréguliers, des grains de forme cubique très nette, assemblés régulièrement les uns à côté des autres.

5. Le sel est un aliment dont on peut se passer difficilement. Les animaux eux-mêmes en sont friands.

6. Le sel est très utile pour conserver certains aliments, comme la viande, le poisson et le beurre.

LE SEL

EXERCICES ORAUX

1. Pourquoi l'eau de la mer n'est-elle pas bonne à boire? — *Les marins consomment-ils de l'eau de mer à bord?*

2. Comment peut-on extraire le sel contenu dans l'eau de mer? — Qu'appelle-t-on marais salants? — *Pourquoi les bassins des marais doivent-ils être peu profonds?*

3. Qu'appelle-t-on sel gemme? — Comment extrait-on le sel gemme? — *Savez-vous d'où vient le nom de la ville de France appelée Château-Salins?*

4. Que remarquez-vous en observant un grain de sel gris?

5. Dans quels aliments met-on du sel? — *Dans quels aliments ne met-on pas de sel?*

EXERCICES D'OBSERVATION

1. Comparer du sel gris et du sel blanc.
2. Regarder attentivement un morceau de sel gris.
3. Mettre de l'eau salée dans une assiette placée au soleil.

DEVOIR

Copier en remplaçant les points par un des mots suivants : *bassins, évaporer, mines, marais salants* :

L'eau de mer est amenée dans des ... qu'on appelle ... et dans lesquels on la fait .... Le sel gemme se tire de .... souterraines.

LEÇON. — **Le sel est un aliment indispensable. On le tire des eaux de la mer en les faisant évaporer. On trouve aussi du sel dans le sol.**

Aussitôt pêchées, les morues sont ouvertes et salées.

Encore une pincée de sel: cuisine fade ne vaut rien.

Les animaux ont aussi besoin de sel.

Dessins au trait.

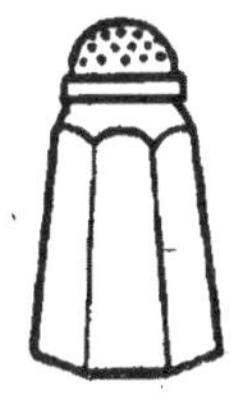

Salière de table.

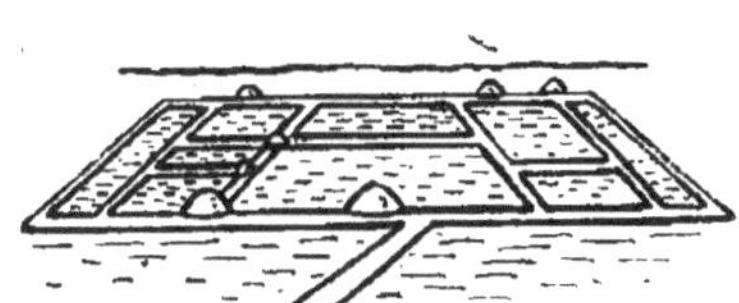

Marais salant.

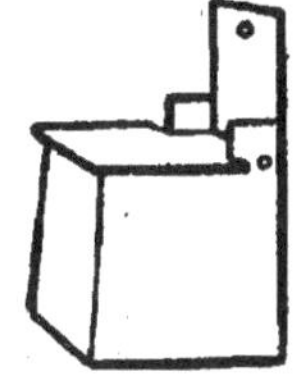

Salière de cuisine.

LE LAIT, LE BEURRE, LE FROMAGE

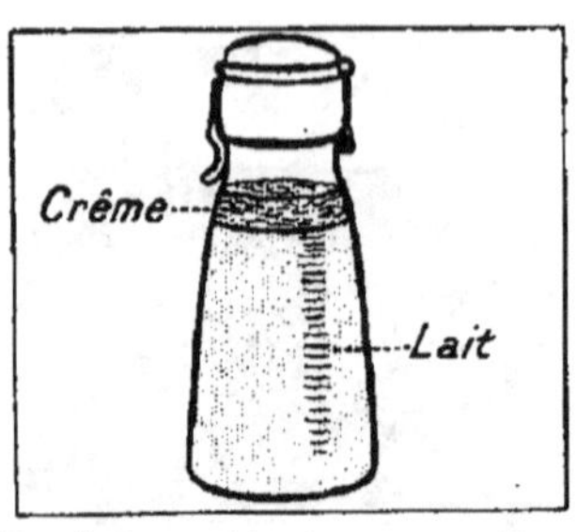

Le lait contient une matière grasse : la crème.

On fait le beurre en battant la crème dans une baratte.

Avec le lait caillé, on fait le fromage.

Le fromage est un aliment très nourrissant.

LECTURE

1. C'est surtout la vache et la chèvre qui nous fournissent du *lait.*

2. Le lait est un excellent aliment. Il renferme une matière grasse, la *crème*, qui monte à la surface quand le lait est au repos.

3. Avec la crème, qu'on agite fortement dans une baratte, on fait le *beurre.*

4. Le lait peut cailler, c'est-à-dire se diviser en deux parties : une partie liquide, qui est le petit-lait, et une masse plus ou moins serrée, qui est le *caillé.*

5. Avec le lait caillé, on fait le *fromage.* Pour cela, on laisse égoutter le caillé. On le met ensuite dans des moules en métal ou en bois. Puis on le sale ; on met le fromage au frais ; on le retourne de temps à autre. Au bout d'un temps plus ou moins long, le fromage est fait et prêt à être consommé.

6. Parfois, on fait chauffer le lait quand il est caillé. On a alors du fromage cuit, comme le fromage de gruyère.

LE LAIT, LE BEURRE, LE FROMAGE

EXERCICES ORAUX

1. Quels sont les animaux domestiques qui nous donnent du lait? — *Connaissez-vous d'autres animaux qui ont également du lait?*

2. Qu'est-ce que la crème? — *Pourquoi la crème monte-t-elle à la surface du lait?*

3. Que fait-on avec la crème? — A l'aide de quel instrument bat-on le beurre?

4. Que se passe-t-il dans le lait quand il caille? — *Le lait caillé est-il bon à manger? — Comment fait-on le fromage mou?*

5. Comment fait-on du fromage sec? — *Pourquoi sale-t-on le fromage en le retournant de temps à autre?*

6. *Quelle différence y a-t-il entre la fabrication du fromage de Brie et celle du gruyère?*

La bonne chienne Mirza allaite ses petits.

On trait la vache deux fois par jour.

DEVOIR

Compléter à l'aide des mots convenables : *Le lait contient une matière grasse, la .... — On fait le beurre en agitant la crème, dans une .... — Le ... est fait avec du caillé. Pour faire le gruyère, on fait chauffer le ....*

Pour faire certains fromages, comme le gruyère, on fait d'abord chauffer le caillé.

LEÇON. **— Le lait contient une matière grasse, la crème, avec laquelle on fait le beurre. Avec le lait caillé, on fabrique le fromage.**

Dessins au trait.

Pot à lait.

Beurre.

Fromage de Brie.

LECTURE

Nous respirons continuellement sans y penser.

1. Appuyez la main sur votre poitrine : vous sentez qu'elle fait des mouvements réguliers. Elle se soulève, puis s'abaisse. Ces mouvements sont les mouvements de la *respiration*.

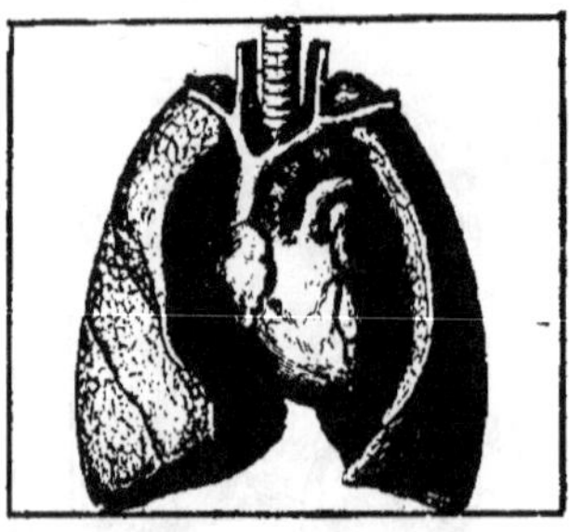
L'air pénètre dans les poumons et y purifie le sang.

2. Quand la poitrine se soulève, l'air pénètre, par la bouche et le nez, dans les deux *poumons*. Les poumons, situés à droite et à gauche du cœur, remplissent presque entièrement la poitrine. Dans les poumons, l'air se trouve en présence du sang, contenu dans de petits vaisseaux très nombreux, et le purifie.

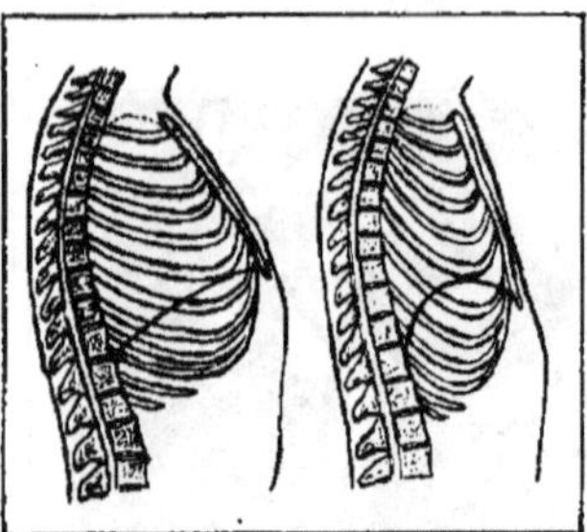
La poitrine se gonfle, puis s'abaisse, comme un soufflet.

3. L'air qui a servi à la respiration ne peut plus être utilisé par le sang. C'est pourquoi la poitrine s'abaisse pour comprimer les poumons et chasser l'air impur au dehors.

4. La terre est enveloppée par une épaisse couche d'air. L'air des campagnes est plus pur que celui des villes.

L'exercice et le grand air développent la poitrine.

5. Quand un grand nombre de personnes ont séjourné longtemps dans une salle, l'air de cette salle ne peut plus servir à la respiration. Il faut donc ouvrir les fenêtres de cette salle pour en renouveler l'air.

LA RESPIRATION

EXERCICES ORAUX

1. Que sentez-vous en appuyant la main sur votre poitrine? — Comment se font les mouvements respiratoires?

2. Quand l'air pénètre-t-il dans la bouche? — Où se rend l'air après être entré dans la bouche? — Où sont situés les poumons? — Comment le sang est-il distribué dans les poumons?

3. L'air qui a servi à la respiration peut-il être utilisé à nouveau par le sang? — Comment l'air impur est-il chassé des poumons?

4. Quelle est la couleur de l'air? — *Pourquoi l'air des campagnes est-il plus sain que celui des villes?*

5. Quels malaises éprouvez-vous dans une salle contenant beaucoup de monde? — Pourquoi faut-il renouveler l'air des appartements?

Heureux les paysans qui vivent au grand air des champs!

Trop souvent les ouvrières travaillent dans des salles étroites.

EXERCICES D'OBSERVATION

1. Agitez un livre devant votre figure.
2. Comptez combien de fois vous respirez par minute.

DEVOIR

Construire une petite phrase avec chacun des mots suivants : *Air. — Poumons. — Poitrine. — Campagne.*

Les salles de classes doivent être bien aérées.

LEÇON. **— Pendant la respiration l'air pénètre dans nos poumons. Le sang chassé du cœur vient se purifier dans les poumons.**

Dessins au trait.

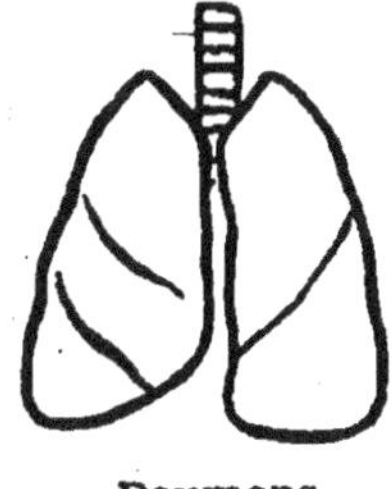

Poumons.

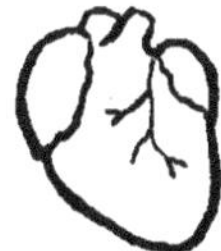

Cœur de l'homme.

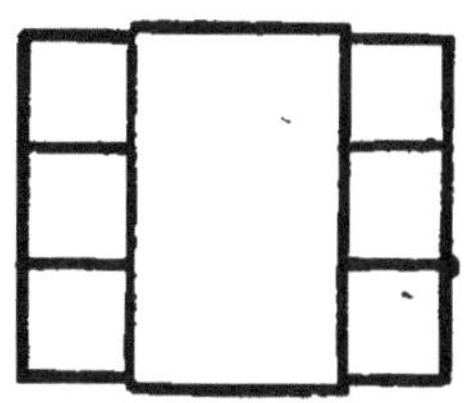

Fenêtre.

La main reconnait la nature et la forme des corps.

LECTURE

1. Nous avons cinq *sens* qui nous permettent de connaître tout ce qui nous entoure. Ce sont : le *toucher*, la *vue*, l'*ouïe*, l'*odorat* et le *goût*.

2. Nous nous rendons compte de la forme des objets en les touchant avec les doigts de la *main*.

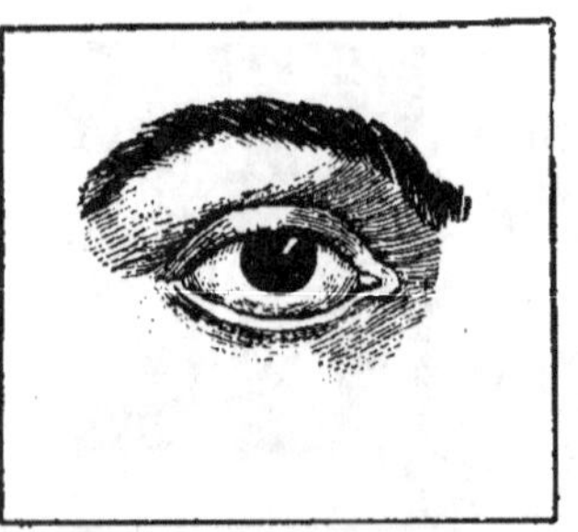
L'œil nous renseigne sur les corps placés à distance.

3. L'*œil* est l'organe de la vue. L'œil est formé d'un globe mobile percé en avant d'un trou, la pupille. Les paupières, les cils et les sourcils protègent l'œil.

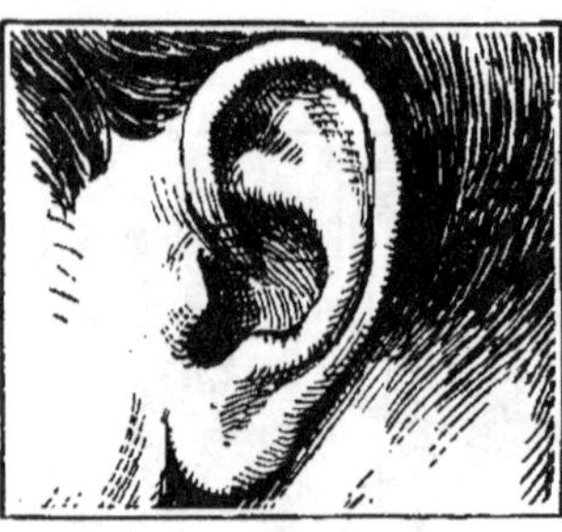
L'oreille nous fait entendre les sons.

4. L'*oreille*, organe de l'ouïe, porte un pavillon entourant le conduit de l'oreille. Au fond de ce conduit est une mince membrane, le tympan, qui vibre sous l'action des sons.

5. Nous sentons les odeurs avec le *nez*.

Le nez perçoit les odeurs et la bouche les saveurs.

6. Nous goûtons les aliments sucrés, salés ou amers, avec la *langue*.

Tous les organes des sens sont reliés par des filaments, appelés *nerfs*, au cerveau abrité dans le crâne.

LES CINQ SENS

EXERCICES ORAUX

1. Quels sont les cinq sens?

2. Quelles sont les principales parties de l'œil? — *Comment faites-vous pour regarder de côté? — en arrière?*

3. Quel est le rôle du pavillon de l'oreille? — *Quelle est la disposition du pavillon de l'oreille du cheval? du chat?*

4. Quel est l'organe de l'odorat? — *Citez une odeur agréable, — une odeur désagréable..*

5. *La langue sert-elle uniquement à goûter les aliments?* — Comment les organes des sens communiquent-ils avec le cerveau?

Les yeux bandés, Colin Maillard reconnaitra en tâtant.

Avec ses bons yeux, l'enfant regarde les images.

EXERCICES D'OBSERVATION

1. Trouver la valeur d'une pièce de monnaie en la touchant sans la voir.
2. Reconnaître un camarade qui arrive au loin.
3. Apprécier la saveur d'un grain de sel, d'un morceau de sucre.

DEVOIR

Compléter les phrases suivantes :

Le chien suit le gibier en le.... — L'aveugle touche les objets pour les.... — L'odeur de la... est plus agréable que celle de....

Sans le chien, qui flaire le gibier, la chasse serait difficile.

***LEÇON*. — Les cinq sens sont : le toucher, la vue, l'ouïe, l'odorat et le goût. La vue et l'ouïe surtout nous font connaître ce qui se passe autour de nous.**

Dessins au trait.

Nez.

Œil.

Oreille.

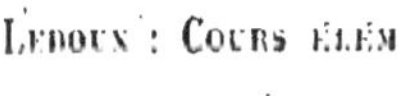

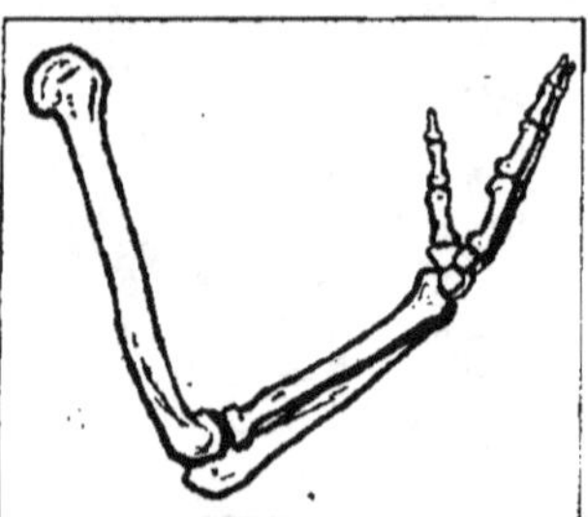

Le corps est soutenu par des os.

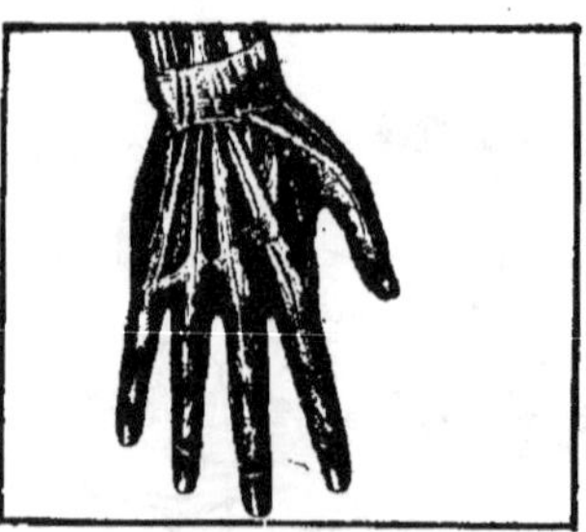

La chair, formée de muscles, s'attache aux os.

Quand on plie l'avant-bras, les muscles du bras se raccourcissent.

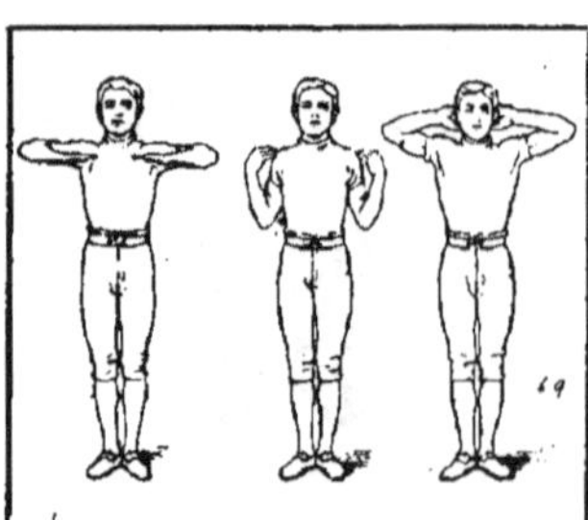

La gymnastique assouplit le corps et le fortifie.

LECTURE

1. Si vous serrez votre main ou votre bras, si vous appuyez avec la main sur votre poitrine ou sur votre tête, vous y sentez des *os*.

2. Les os sont recouverts par de la chair formant les *muscles*. Ce sont les muscles qui font mouvoir vos membres. Quand vous pliez l'avant-bras pour porter la main à l'épaule, ce sont les muscles de votre bras qui se raccourcissent pour amener votre main à l'épaule.

Les muscles sont d'autant plus forts qu'ils sont mieux exercés. Ainsi, les marcheurs ont des jambes plus robustes que les hommes qui restent toujours assis.

3. Si vous voulez être forts, exercez vos muscles. La course, le saut, la marche, la natation, le jeu et surtout la *gymnastique* bien réglée sont les meilleurs moyens de développer et de fortifier les muscles.

4. Si vous vous habituez à faire de la gymnastique et si, quand vous serez plus grands, vous faites partie d'une société de gymnastique, vous serez, au moment voulu, des soldats agiles, robustes, capables de défendre notre patrie : la France.

LA GYMNASTIQUE

EXERCICES ORAUX

1. Si, avec la main droite, vous vous serrez le bras gauche en levant l'avant-bras gauche, ne sentez-vous pas un muscle qui se gonfle? — *A quoi servent les muscles?*

2. Pourquoi les chasseurs et les facteurs ont-ils généralement de gros mollets? — *Pourquoi les écrivains ont-ils les mains plus petites que les forgerons?*

3. Comment pouvez-vous devenir forts?

4. Pourquoi est-il bon pour un jeune homme de faire partie d'une société de gymnastique? — *Quand avez-vous surtout bon appétit? — Pourquoi les soldats font-ils de la gymnastique en arrivant au régiment?*

L'homme de bureau manque malheureusement d'exercice.

Le jeu est une excellente gymnastique.

DEVOIR

Copier les quatre vers suivants :

Tu seras soldat.

Il faudra courir sac au dos,
Porter plus lourd que ces gros livres,
Faire étape avec des fardeaux,
Cent cartouches, trois jours de vivres.

V. DE LAPRADE. (Hetzel, édit.)

Pas accéléré! une, deux! une, deux! Entraînez-vous, petits soldats!

LEÇON. — **Les muscles recouvrent les os et font mouvoir les membres. Le jeu et la gymnastique développent les muscles et les fortifient.**

Dessins au trait.

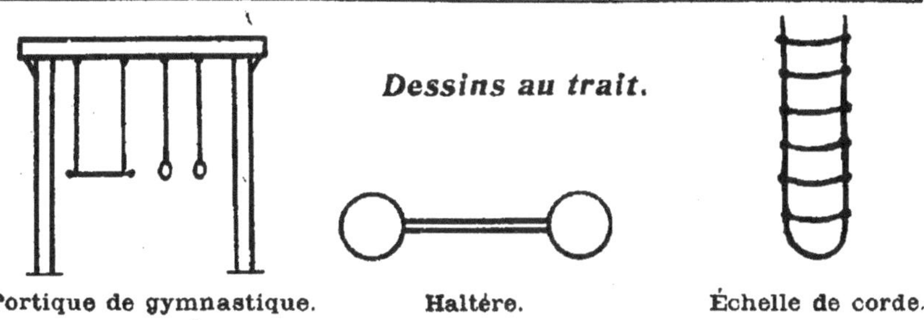

Portique de gymnastique. Haltère. Échelle de corde.

VOYAGE D'UNE GOUTTE D'EAU

L'eau chauffée laisse échapper la vapeur.

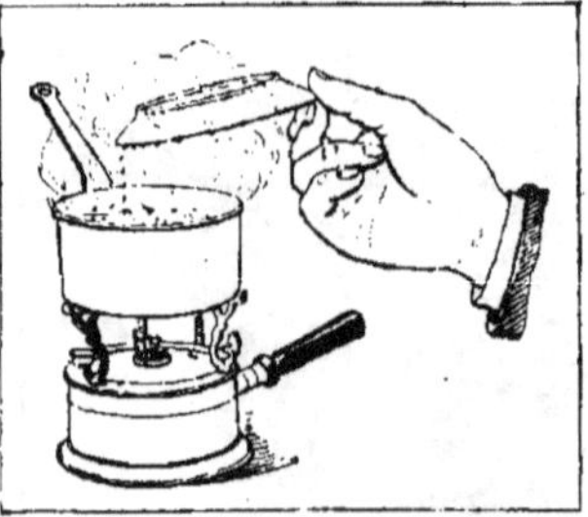

En se refroidissant, la vapeur redevient de l'eau.

En s'évaporant, l'eau de la mer forme les nuages qui produisent la pluie.

La goutte d'eau circule indéfiniment.

LECTURE

1. L'eau, placée sur le feu dans un vase, laisse échapper des *vapeurs* très légères. Si vous maintenez au-dessus du vase une assiette froide, ces vapeurs *se condensent*, c'est-à-dire se changent en gouttelettes d'eau qui retombent dans le vase.

2. La même chose se produit dans la nature. Les *vapeurs*, qui s'échappent des cours d'eau et des mers chauffés par le soleil, forment les nuages. Ces nuages sont emportés par les vents dans une région assez froide où ils se condensent et forment la *pluie*.

3. Une partie de l'eau de pluie coule à la surface du sol; une autre partie de l'eau de pluie pénètre dans le sol, où elle s'accumule pour former des sources ou des puits. Les *sources* alimentent les ruisseaux qui forment les rivières; les rivières se jettent dans les fleuves qui s'écoulent vers la mer.

4. Ainsi, après ce long voyage, la goutte d'eau revient à la mer d'où elle était partie. Cette circulation de l'eau dans la nature se fait continuellement.

VOYAGE D'UNE GOUTTE D'EAU

EXERCICES ORAUX

1. Que se produit-il au-dessous du couvercle placé sur la casserole, quand cette casserole renferme de l'eau bouillante ? — *Si on laissait l'eau longtemps sur le fourneau, que se passerait-il?*

2. Voyons-nous la vapeur qui s'échappe des mers ou des rivières ? — *Pourquoi cette vapeur s'élève-t-elle dans l'air? — Quelle est la couleur des nuages?*

3. *Si on jette de l'eau sur du sable, que devient l'eau?*

4. Racontez le voyage de la goutte d'eau.

Ce mince filet d'eau deviendra une rivière.

EXERCICES D'OBSERVATION

1. Abandonner un peu d'eau dans le fond d'une assiette.
2. Placer une assiette froide au-dessus de l'eau chauffée sur le feu.
3. Regarder la fumée d'une allumette qui brûle.

La rivière fertilise les champs et les prairies.

DEVOIR

Compléter les phrases suivantes :

L'eau sort de terre.... Elle forme d'abord un..., puis une..., puis un..., qui se jette dans la....

En beaucoup d'endroits, l'eau des puits est la seule dont on dispose.

LEÇON. — **L'eau des mers et des rivières s'évapore et forme des nuages. Ces nuages peuvent se transformer en pluie. La pluie revient dans les mers et les fleuves.**

Dessins au trait.

Pluie.

Vapeur d'eau.

Puits.

LE VENT

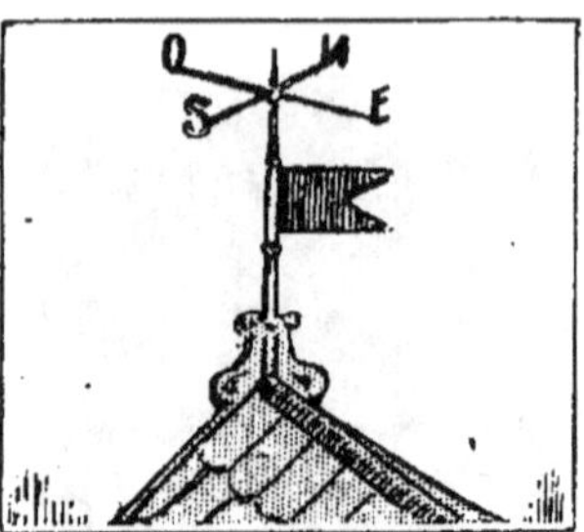

La girouette indique la direction du vent.

LECTURE

1. L'air peut, dans les régions chaudes, être échauffé par le sol ou par l'eau de la mer. Cet air chaud, très léger, s'élève exactement comme la vapeur qui s'échappe de l'eau chauffée sur le feu.

Le vent fait marcher les bateaux à voiles.

2. Arrivé dans les régions plus hautes de l'atmosphère, cet air se refroidit, devient plus lourd et redescend vers la terre.

3. Il se produit ainsi continuellement dans l'atmosphère des déplacements d'air qui sont la cause du vent. Le *vent* est donc de l'air en mouvement. Ainsi, dans une certaine contrée, l'air chaud qui s'élève est immédiatement remplacé par l'air venant des contrées voisines froides.

Le vent fait tourner les ailes des moulins.

4. En France, le vent du Nord est froid, celui de l'Est est sec. En France, le vent de l'Ouest entraîne toujours avec lui des vapeurs venant de l'Océan : aussi il amène souvent la pluie.

Le vent pousse les ballons.

5. Le vent est parfois très fort comme dans les ouragans, les tempêtes. Sur mer, le vent est parfois très violent et les navires sont ballottés en tous sens.

LE VENT

EXERCICES ORAUX

1. Pourquoi l'air chaud s'élève-t-il? —

2. *Pourquoi existe-t-il toujours de la neige sur les hautes montagnes?* — Pourquoi l'air se refroidit-il dans les régions élevées de l'atmosphère? — Pourquoi l'air froid retombe-t-il vers la terre?

3. Qu'est-ce que le vent? — *Existe-t-il des vents chauds? — D'où viennent-ils?*

4. *Pourquoi le vent du Nord est-il toujours froid? — Pourquoi le vent venant de la mer est-il frais?* — Pourquoi le vent de l'ouest amène-t-il souvent la pluie? — *Comment observe-t-on la direction du vent?*

5. Qu'est-ce qu'une bourrasque? — *Qu'appelle-t-on tourbillon?*

Attention aux petites surprises du coup de vent!

Du vent! de la pluie! voilà l'orage! Rentrons vite au logis!

EXERCICES D'OBSERVATION

1. Observer la direction du vent.
2. Faire une girouette de papier tournant autour d'une tige.

DEVOIR

Compléter les phrases suivantes :

Le vent est produit par .... — Un ouragan est .... — Un vent très violent sur la mer est ....

LEÇON. — **Le vent est de l'air en mouvement. Quand il est très fort il cause des ouragans. Sur mer les tempêtes sont parfois terribles.**

Arriveront-ils au port, les malheureux pêcheurs?

Dessins au trait.

Peupliers courbés par le vent.

Bateau à voiles.

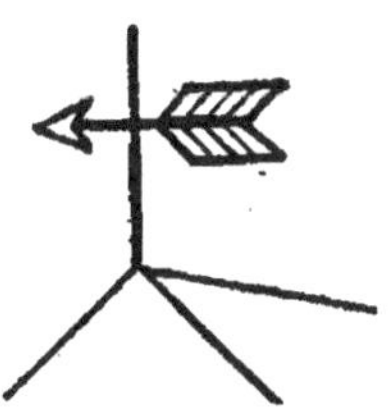

Girouette.

L'ORAGE

Le ciel est tout noir : l'orage approche.

Le vent fait rage : la pluie tombe à torrents.

L'orage éclate : l'éclair brille, le tonnerre gronde.

Le paratonnerre préserve les maisons de la foudre.

LECTURE

1. C'est surtout en été que l'*orage* éclate. Le vent fait ployer les branches des arbres et soulève sur la route des tourbillons de poussière. Puis le ciel se couvre de gros nuages noirs et de grands *éclairs* sillonnent le ciel.

2. Les éclairs sont accompagnés d'un bruit formidable, qui est le *tonnerre*. Les éclairs et le tonnerre forment ce que l'on appelle la *foudre*.

3. Il pleut en abondance Parfois des morceaux de glace, appelés *grêlons*, tombent sur le sol et dévastent les récoltes.

4. La foudre frappe surtout les endroits élevés, comme les arbres et les bâtiments. Elle les détruit en les brûlant ; elle tue les personnes qu'elle atteint.

On préserve un édifice de la foudre en plaçant à son sommet un *paratonnerre*, longue tige de fer qui attire la foudre et la conduit dans le sol.

5. Il est très imprudent de se mettre à l'abri sous un arbre pendant l'orage.

L'ORAGE

EXERCICES ORAUX

1. A quelle époque de l'année les orages sont-ils fréquents? — Que se passe-t-il quand l'orage est près d'éclater?

2. Comment se présentent les éclairs? — *Qu'entendez-vous quelques instants après que l'éclair s'est produit?*

3. *Comment s'écoule l'eau dans la rue par une pluie d'orage?* — Qu'est-ce que la grêle?

4. Où la foudre tombe-t-elle surtout? — Que se produit-il quand la foudre tombe sur une maison? — Comment préserve-t-on un édifice de la foudre? — *La foudre est-elle dangereuse pour les personnes?*

5. *Pourquoi est-il imprudent de se mettre à l'abri sous un arbre pendant l'orage?*

Quel temps affreux! Comme on est bien chez soi!

Il pleut, bergère! rentre vite tes moutons.

DEVOIR

Répondre aux questions suivantes :

1. En quelle saison les orages sont-ils surtout fréquents? (Ex. : *Les orages sont surtout fréquents en été.*) — 2. Comment est le ciel en temps d'orage? — 3. Que voit-on et qu'entend-on? — 4. Quels endroits frappe de préférence la foudre?

Ne vous abritez pas sous les arbres pendant l'orage!

***LEÇON.* — Pendant l'orage la pluie tombe en abondance. On voit les éclairs puis on entend le bruit du tonnerre. Il ne faut pas s'abriter sous les arbres pendant l'orage.**

Dessins au trait.

Paratonnerre sur une maison.

Parapluie.

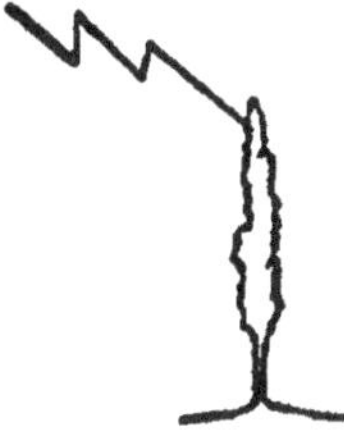

Foudre frappant un arbre.

LA NEIGE ET LA GLACE

LECTURE

La neige est de la vapeur d'eau gelée.

La glace est de l'eau gelée.

Sur les hauts sommets il y a des neiges éternelles.

Un glacier est comme un fleuve de glace.

1. Quand il fait très froid, l'eau se solidifie, c'est-à-dire se change en *glace*.

C'est parce qu'il fait très froid que la pluie tombe en hiver sous forme de légers flocons de *neige*.

2. Quand le froid est rigoureux, l'eau gèle à la surface des mares, des étangs, des lacs et des ruisseaux, qui sont alors recouverts d'une couche de glace.

La glace flotte sur l'eau parce qu'elle est plus légère que l'eau. La glace commence d'abord à se former à la surface de l'eau.

3. Quand la température s'adoucit, la neige et la glace fondent en se transformant en eau. C'est le *dégel*.

4. Sur les hautes montagnes, comme les Alpes, par exemple, il fait toujours très froid. La neige n'y fond jamais. Aussi ces montagnes sont constamment couvertes de neige et d'amas de glace formant des *glaciers*.

5. Au bas du glacier, vers la vallée, il fait moins froid et la glace en fondant donne naissance à des cours d'eau.

Le Rhône, par exemple, prend sa source dans un glacier des Alpes.

LA NEIGE ET LA GLACE

EXERCICES ORAUX

1. Comment se forme la glace? — Que signifie *se solidifier*? — Pourquoi neige-t-il en hiver et non en été dans nos pays?

2. *Pourquoi la glace commence-t-elle à se former à la surface de l'eau?*

3. Que deviennent les glaçons de la rivière quand il fait moins froid? — *Les bateaux peuvent-ils circuler sur les rivières gelées?*

4. Pourquoi tombe-t-il plutôt de la neige que de la pluie sur les hautes montagnes? — *Pourquoi le Mont Blanc s'appelle-t-il ainsi?*

5. Citez un fleuve qui prend sa source dans un glacier.

On s'est amusé à faire un gros Bonhomme Hiver!

EXERCICES D'OBSERVATION

1. Examiner de la neige et de la glace.
2. Tenir un morceau de glace à la main.
3. Jeter un morceau de glace dans l'eau d'un verre.

La glissade est un bon exercice.

DEVOIR

Compléter les phrases suivantes :

L'eau gèle quand .... — La glace flotte sur l'eau parce qu'elle .... — La glace fond quand .... — Il y a toujours de la neige sur les hautes montagnes parce qu'il ....

***LEÇON*. — Quand il fait très froid, l'eau se change en neige ou en glace. La neige et la glace fondent dés que la température s'adoucit.**

Impossible au navire de continuer sa route!

Dessins au trait.

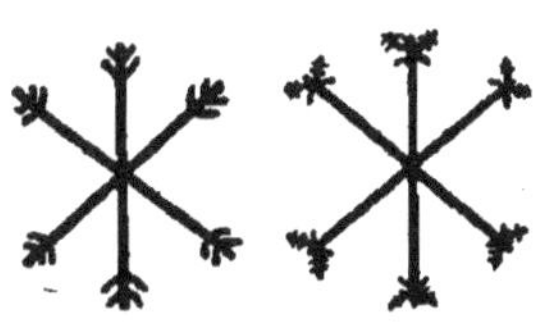

Fleurs de neige.

Patin.

Bonhomme de neige.

AU COIN DU FEU

L'hiver est une saison très froide.

On se chauffe en hiver à l'aide de cheminées.

On chauffe les classes des écoles à l'aide de poêles.

On brûle du bois, du charbon de terre, du coke.

LECTURE

1. Il fait bien froid dehors. C'est l'hiver, la saison la plus triste de l'année. Les arbres ont perdu leurs feuilles. Seuls, quelques petits oiseaux, comme le moineau et le rouge-gorge, sont restés auprès de nos habitations. La terre est dure, car elle est gelée. Il fait bon néanmoins marcher dans la campagne par le froid sec.

2. Si nous entrons à la maison, un bon feu de bois brille dans la *cheminée*. Entendez-vous l'air du dehors qui siffle sous la porte en se dirigeant vers la cheminée? Pour que le bois brûle bien, il lui faut de l'air. C'est pour activer le feu qu'on y lance de l'air à l'aide d'un soufflet.

3. On peut se chauffer avec du *bois*, du *charbon de terre* ou du *coke*. Le bois, le charbon de terre et le coke sont les principaux *combustibles*. On les utilise aussi dans des *poêles* de fonte ou de faïence. On peut encore se chauffer avec des poêles à gaz.

4. Plaignons les pauvres petits enfants qui n'ont pas de feu l'hiver à la maison.

AU COIN DU FEU

EXERCICES ORAUX

1. Que voit-on dans la campagne en hiver? — *Pourquoi ne peut-on pas bêcher le jardin en hiver?*

2. Pourquoi l'air se dirige-t-il du côté de la cheminée en sifflant sous les portes? — *Que devient le feu quand on le couvre avec des cendres?*

3. Quels sont les combustibles que vous connaissez? — Décrivez le poêle? — *Comment fait-on pour allumer le poêle? — Pourquoi commence-t-on par y mettre du petit bois? — Le feu sert-il seulement à nous chauffer?*

4. Que pensez-vous des enfants qui n'ont pas de feu pour se chauffer?

5. *Comment peut-on se réchauffer sans feu?*

EXERCICES D'OBSERVATION

1. Activer le feu à l'aide du soufflet.
2. Examiner le fonctionnement du soufflet.

DEVOIR

Compléter les phrases suivantes à l'aide des mots de la lecture :

Les principaux combustibles sont.... — On brûle les combustibles dans... ou dans....

***LEÇON*. — Les appartements sont chauffés en hiver, à l'aide de cheminées ou de poêles. Le bois, le charbon de terre et le coke sont les principaux combustibles.**

On fait la cuisson sur le fourneau.

Quelques coups de soufflet et le feu est allumé.

On se réchauffe en faisant une bonne partie.

Dessins au trait.

Cheminée.

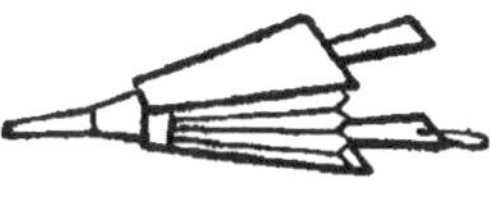

Soufflet.

Poêle.

LE CHARBON DE BOIS

Le bûcheron abat les arbres, puis scie les branches.

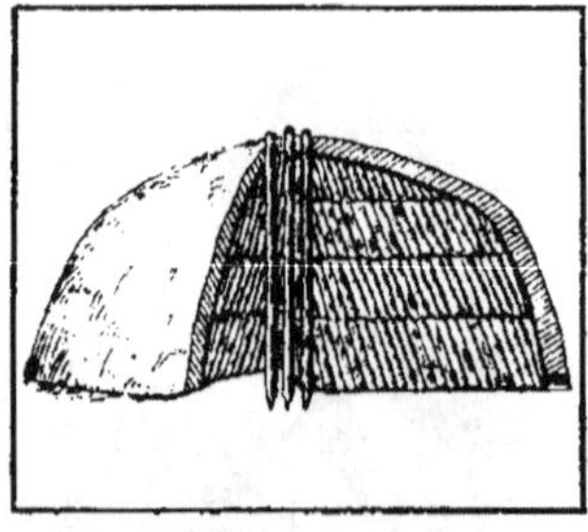

Le charbonnier met en meule les bouts de branches.

Il met le feu à la meule couverte de terre.

Le charbon de bois bien préparé est léger et sonore.

LECTURE

1. Le bois brûle en dégageant de la fumée. Le *charbon de bois* brûle sans fumée. C'est pourquoi il est utilisé pour faire la cuisine sur les fourneaux.

On fait le charbon de bois dans la forêt en brûlant, à l'abri de l'air, les branches des arbres qui ont été abattus.

2. Pour cela, le charbonnier coupe ces branches en morceaux de même longueur. Il les entasse régulièrement autour de piquets de bois formant cheminée. Ce tas de bois s'appelle une *meule*.

3. Puis il recouvre la meule de terre et de mousse, en laissant quelques ouvertures pour le passage de la fumée. Il allume ensuite la meule en jetant des tisons enflammés dans la cheminée.

4. Le bois brûle lentement à l'abri de l'air et, de plus, il brûle incomplètement. Quand le charbon est fait, le charbonnier étouffe le feu en bouchant toutes les ouvertures avec de la terre.

Dès que la meule est refroidie, il la démolit et il met le charbon en sacs.

LE CHARBON DE BOIS

EXERCICES ORAUX

1. Pourquoi aime-t-on mieux le charbon de bois que le bois pour faire la cuisine sur les fourneaux?

2. Où fabrique-t-on le charbon de bois? — Comment prépare-t-on les branches d'arbres pour faire le charbon? — De quelle manière l'entasse-t-on? — Qu'est-ce qu'une meule de charbon de bois? — Pourquoi plante-t-on des piquets au centre de la meule?

3. *Si on brûle le bois sans le couvrir de terre, obtient-on du charbon? — Que se passe-t-il dans la cheminée de votre maison quand on couvre le feu avec des cendres?* — Avec quoi recouvre-t-on la meule? — Pourquoi la recouvre-t-on? — Comment allume-t-on la meule?

4. Le bois brûle-t-il complètement dans la meule? — Pourquoi? — *S'il brûlait complètement, obtiendrait-on du charbon?*

Il est imprudent de ne pas placer le fourneau sous la cheminée.

L'étain fond vite sur le fourneau du rétameur.

DEVOIR

Compléter les phrases suivantes de manière à détailler les actions du charbonnier :

Le charbonnier coupe les.... — Il entasse les morceaux de bois.... — Il recouvre la meule avec.... — Il allume la meule en jetant.... — Quand le charbon est fait, il étouffe.... — Quand la meule est refroidie, il....

LEÇON. — Pour préparer le charbon de bois, on fait brûler lentement à l'abri de l'air des branches d'arbres coupées en morceaux et régulièrement entassées.

Le mauvais charbon brûle en faisant de la fumée.

Dessins au trait.

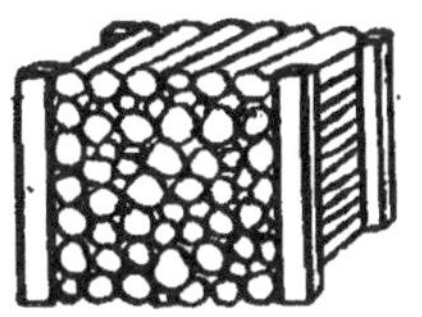

Tas de bois.

Meule de charbon.

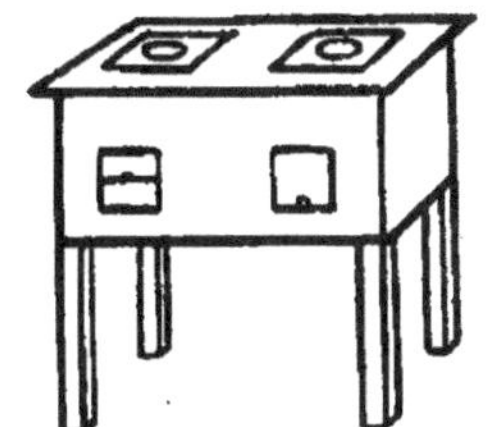

Fourneau à charbon de bois.

LE CHARBON DE TERRE

On trouve la houille dans des mines souterraines.

La houille provient de très anciens végétaux.

Les mineurs détachent la houille avec des pics.

Parfois le grisou cause des explosions dans la mine.

LECTURE

1. Le *charbon de terre*, appelé encore *houille*, est tiré de mines creusées sous terre. Il est formé par des débris de plantes très anciennes dont on voit parfois les traces sur des morceaux de charbon.

2. C'est un bon combustible. Il est indispensable aux forgerons. C'est aussi le charbon de terre qu'on emploie pour le chauffage des machines à vapeur ou même des appartements.

3. La mine, souvent très profonde, est percée, dans tous les sens, de galeries dans lesquelles circulent les mineurs, les chevaux et même des locomotives avec leurs wagons.

4. Les mineurs, éclairés par des lampes spéciales, travaillent dans les galeries pour arracher la houille avec leur pic. La houille, transportée jusqu'au puits d'ouverture de la mine, est ensuite montée à l'aide de machines à vapeur.

5. Il se produit souvent dans les mines un gaz dangereux, le *grisou*. Il s'enflamme aisément en faisant explosion. Ces explosions détruisent en partie la mine et ensevelissent parfois les mineurs sous les ruines.

LE CHARBON DE TERRE

Le forgeron bat le fer pendant qu'il est chaud.

EXERCICES ORAUX

1. Où trouve-t-on le charbon de terre? — De quoi est-il formé?

2. Quels sont les ouvriers qui se servent de charbon de terre? — A quoi est-il particulièrement employé?

3 Pourquoi creuse-t-on dans les mines des galeries en tous sens? — *Pensez-vous qu'il fasse froid dans la mine? — Comment descend-on dans la mine?*

4. Comment les mineurs s'éclairent-ils en travaillant? — Quel est l'outil des mineurs?

5. Qu'est-ce que le grisou? — Quel est le danger du grisou? — *Pourquoi les lampes des mineurs sont-elles complètement enfermées dans un verre? — Comparez le charbon de bois et le charbon de terre.*

Plus on va vite, plus il faut mettre de charbon dans la machine.

DEVOIR

Répondre aux questions suivantes :

1. Comment est encore appelé le charbon de terre? — 2. Où trouve-t-on le charbon de terre? — 3. De quoi est formé le charbon de terre? — 4. Comment appelle-t-on les ouvriers qui extraient le charbon de terre de la mine?

Un gros mangeur de charbon! 60000 kg.! 6 wagons! par jour.

LEÇON. — **Les mineurs tirent la houille du sein de la terre. La houille est utilisée pour le chauffage des machines à vapeur ou de nos appartements.**

Dessins au trait.

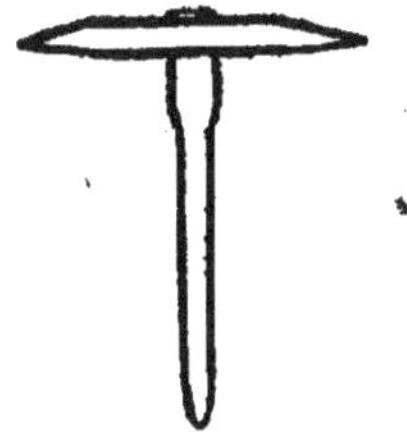
Pic de mineur.

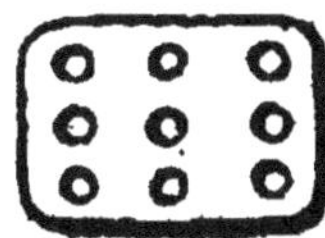
Briquette.

Lampe de mineur.

La bougie donne une faible lumière.

On s'éclaire avec la lampe à huile ou à pétrole.

On s'éclaire avec le gaz.

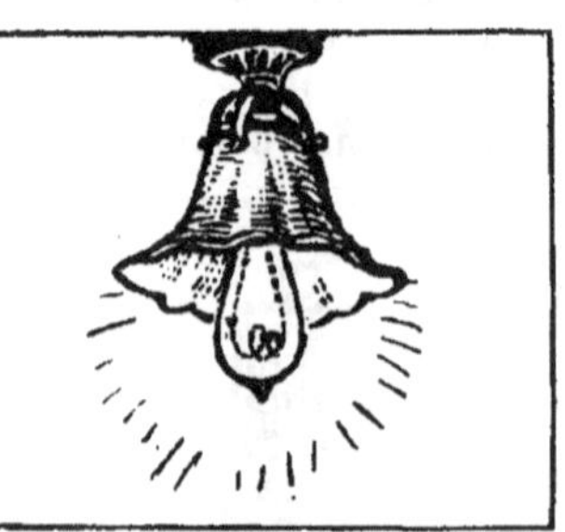

Les lampes électriques donnent une lumière très brillante.

LECTURE

1. Nous nous éclairons pendant la nuit avec des bougies, avec des lampes à huile ou à pétrole, ou bien encore à l'aide du gaz et de l'électricité.

2. La *bougie* est faite avec de la *stéarine*, substance qui provient du suif. Au centre de la bougie est une mèche de coton tressée, dans l'intérieur de laquelle la matière dont est faite la bougie monte pour brûler.

3. Certaines lampes sont alimentées avec de l'*huile* de colza. On se sert plus souvent de *pétrole* ou d'*essence minérale* qu'on trouve dans le sol.

La lampe éclaire mieux que la bougie, car sa mèche est plus grosse et sa flamme, plus grande, est abritée dans un verre.

4. En chauffant du charbon de terre dans de grands tubes en fonte, on obtient le *gaz d'éclairage*. On recueille ce gaz dans d'énormes cloches, appelées gazomètres, et on le dirige dans les maisons par des tuyaux.

5. Une *lampe électrique* est généralement formée d'un fil éclairant renfermé dans une ampoule de verre.

L'ÉCLAIRAGE

EXERCICES ORAUX

1. *Qui est-ce qui nous éclaire pendant le jour?* — Par quel moyen nous éclairons-nous pendant la nuit? — *Quels étaient autrefois les modes d'éclairage?*

2. Avec quoi fait-on les bougies? — Comment est faite la mèche?

3. *D'où nous vient le pétrole?* — Pourquoi la lampe éclaire-t-elle mieux que la bougie? — *Pourquoi ne faut-il pas remplir la lampe à essence près de la lumière?*

4. Comment obtient-on le gaz d'éclairage? — De quelle manière est-il conduit dans les maisons?

5. Comment est faite une lampe électrique? — *Que faut-il faire pour donner la lumière dans une lampe électrique?*

Près du bébé qui dort, la maman veille et travaille.

EXERCICES D'OBSERVATION

1. La bougie diminue de longueur en brûlant. Qu'est devenue la matière fondue?

2. Allumer une lampe à pétrole sans mettre le verre.

Deux gazomètres d'une usine à gaz.

DEVOIR

Compléter les phrases suivantes :

On s'éclaire pendant la nuit avec..., avec... ou à l'aide du... ou de.... — On brûle dans les lampes de... ou..., ou....

Il suffit de tourner le bouton pour donner la lumière.

LEÇON. — **Pendant la nuit, nous nous éclairons avec des bougies, des lampes à huile ou à pétrole. Nous nous servons aussi du gaz extrait de la houille. Depuis quelque temps nous utilisons beaucoup la lumière électrique.**

Dessins au trait.

Bougie.

Lampe à essence.

Bec de gaz.

LA MAISON

Les terrassiers creusent la terre pour les fondations.

Les maçons élèvent les murs de la maison.

Les charpentiers posent les chevrons du toit.

Les peintres peignent les murs.

LECTURE

1. Les premiers hommes habitaient dans des cavernes ou dans des cabanes en terre et en bois. Nous habitons aujourd'hui dans des *maisons*. Beaucoup d'ouvriers participent à la construction d'une maison.

2. Les *terrassiers* creusent d'abord des tranchées dans lesquelles les *maçons* bâtissent les gros murs de pierre, appelés *fondations*. On relie les pierres les unes aux autres avec du mortier fait de chaux et de sable.

3. Quand les murs sont terminés, les *charpentiers* posent dessus de grosses pièces de bois appelées poutres et chevrons. Sur les chevrons, ils clouent des lattes ou des planches destinées à supporter les tuiles ou les ardoises du toit qui sont posées par les *couvreurs*.

4. Les *menuisiers* posent les fenêtres, les portes et les parquets. Les *serruriers* placent les serrures aux portes et les ferrures aux fenêtres. Les *fumistes* installent les cheminées. Les *peintres* recouvrent les murs intérieurs de papier ou de peinture.

LA MAISON

EXERCICES ORAUX

1. Où habitaient les premiers hommes?

2. Quels sont les ouvriers qui commencent les travaux de la maison? — Avec quoi les maçons relient-ils les pierres les unes aux autres? — *Comment font-ils le mortier?* — *Peut-on construire un mur sans mortier?*

3. Quel est le travail des charpentiers? — *Comment sont faites les lattes?* — *Pourquoi ne couvre-t-on pas le toit avec de la pierre?* — *Pourquoi les toits sont-ils en pente?*

4. *A quoi servent les vitres de la fenêtre?* — Que font les menuisiers et les serruriers?

Où est situé le rez-de-chaussée? — Que trouvez vous au-dessous du rez-de-chaussée? — A quoi sert le grenier de la maison?

Une caverne pour abri, comme un animal sauvage!

DEVOIR

Dire ce que font les ouvriers suivants dans la construction de la maison.

1. *Les maçons* (Ex. : *Les maçons bâtissent les murs*). — 2. *Les charpentiers....* — 3. *Les menuisiers....* — 4. *Les serruriers....* — 5° *Les fumistes....* — 6. *Les peintres....*

C'est la liaison solide des pierres qui fera la force du mur.

LEÇON. — **Les premiers hommes s'abritaient dans des cavernes ou des cabanes grossières. Nous habitons aujourd'hui dans des maisons plus grandes et plus commodes qu'autrefois. Beaucoup d'ouvriers travaillent pour construire la maison.**

Il fait bon vivre dans cette maison à la campagne!

Dessins au trait.

Hutte.

Chaumière.

Maison moderne.

LES PIERRES DE CONSTRUCTION

On tire la pierre des carrières.

La pierre de taille est en gros blocs ou en moellons.

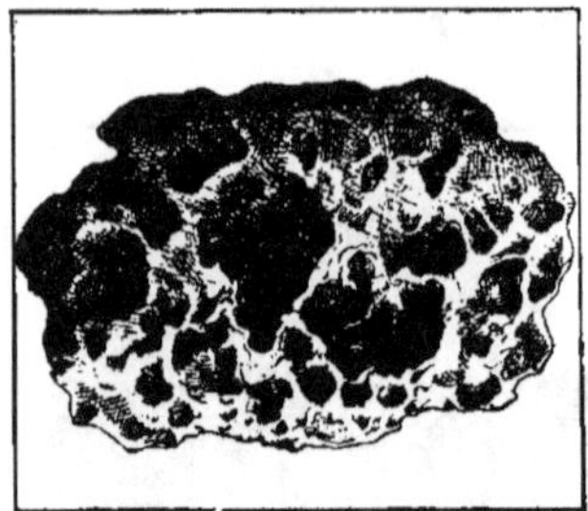
La meulière est une excellente pierre de construction.

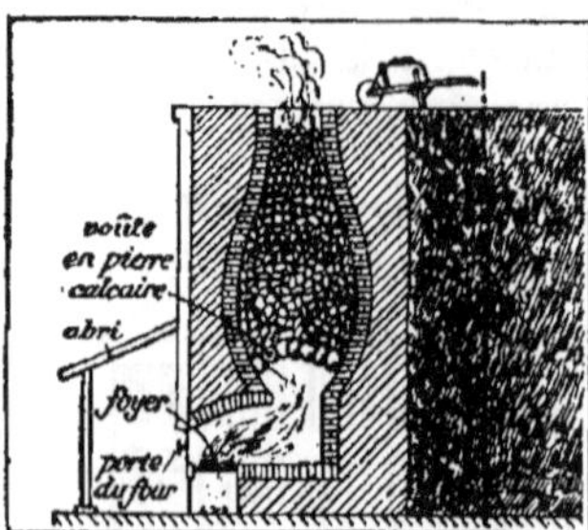

On obtient la chaux en cuisant des pierres calcaires.

LECTURE

1. Les gros murs de la maison sont construits avec des *moellons*, des *pierres de taille* ou des *pierres meulières*. Les moellons sont de forme irrégulière. Les pierres de taille sont régulièrement taillées sur toutes les faces. Les meulières sont des pierres de couleur jaune ou rougeâtre, percées de trous.

2. On assemble ces pierres avec du *ciment*, du *mortier*, fait de chaux et de sable, ou bien du *plâtre*. Le ciment et la chaux sont préparés avec des calcaires que l'on cuit dans des fours spéciaux.

3. Pour avoir le plâtre, on fait cuire la pierre à plâtre dans des fours, puis on l'écrase sous de grosses meules.

4. Avec l'*argile*, on fait les briques et les tuiles. L'argile est une terre qui, mélangée avec de l'eau, peut se mouler aisément. Quand on la cuit au four, elle durcit en conservant la forme qu'on lui a donnée par le moulage.

5. L'*ardoise*, qu'on emploie pour couvrir les maisons, est une sorte d'argile ancienne, devenue dure, qui peut se séparer en feuillets minces.

LES PIERRES DE CONSTRUCTION

EXERCICES ORAUX

1. Avec quelles pierres fait-on les gros murs des maisons? — Quel est l'aspect des meulières?

2. Avec quoi réunit-on les pierres des maisons? — Comment fait-on le ciment et la chaux? — *D'où vient le sable?*

3. Comment fait-on le plâtre?

4. Que fait-on avec l'argile? — *Comment fait-on les briques?*

5. Que savez-vous sur les ardoises? — *Les ardoises servent-elles uniquement à couvrir les maisons?*

Temps et patience viendront à bout de la tâche.

EXERCICES D'OBSERVATION

1. Pétrir de l'argile avec un peu d'eau et la mouler à la main.
2. Séparer avec un couteau une petite plaque d'ardoise d'un plus gros fragment.

Avec les briques on fait des murs légers.

DEVOIR

Répondre aux questions suivantes :

1. Quels matériaux emploie-t-on pour la construction des murs? — 2. Comment fait-on le plâtre? — 3. Que fait-on avec l'argile? — 4. A quoi servent les ardoises?

Légère, mais résistante, l'ardoise fait une bonne couverture.

LEÇON. — **Les maçons construisent les maisons avec des pierres. Ces pierres sont reliées entre elles par du ciment ou du mortier. On couvre les maisons avec des tuiles ou des ardoises.**

Dessins au trait.

Masse de carrier.

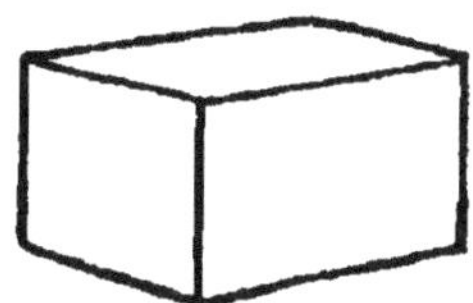

Pierre de taille.

Mur en briques.

20e LEÇON

LE FER ET LES MÉTAUX

Le minerai de fer, chauffé avec du charbon, donne la fonte.

Avec la fonte, on fait des objets moulés.

Avec l'acier on fait tous les outils.

L'or et l'argent sont des métaux rares et précieux.

LECTURE

1. On trouve dans la terre le *minerai de fer*, c'est-à-dire une pierre contenant du fer. Pour préparer le fer, on chauffe fortement le minerai avec du charbon dans un *haut fourneau*. Le fer fond et se sépare des matières étrangères. Mais, en fondant, il se mélange avec un peu de charbon pour former la *fonte*, qui s'écoule en bas du haut fourneau.

En martelant cette fonte sous le *marteau-pilon*, on obtient le fer.

2. On chauffe le fer dans le foyer de la forge et l'ouvrier peut alors lui donner au marteau toutes les formes possibles.

3. Avec le fer, on fait l'*acier*, plus dur et plus élastique que le fer. Tous les outils sont en acier.

4. La fonte peut être fondue aisément et coulée dans des moules; mais elle est fragile. On en fait des balcons, des marmites et des tuyaux.

5. Le cuivre, le zinc, l'étain, l'argent et l'or sont également des métaux. L'argent et l'or sont appelés des *métaux précieux*. Mais c'est le fer qui est assurément le plus utile de tous les métaux.

LE FER ET LES MÉTAUX

EXERCICES ORAUX

1. Où trouve-t-on le fer? — Comment fond-on le minerai? — Que recueille-t on au bas du haut fourneau? — Comment tire-t-on le fer de la fonte? — *Que fait-on avec le fer?*

2. *Nommez quelques ouvriers qui travaillent le fer.* — Comment travaille-t-on le fer? — Pourquoi le forgeron chauffe-t-il le fer?

3. Que fabrique-t-on avec l'acier?

4. *Quelle différence y a-t-il entre le fer et la fonte?* — Comment fait-on les objets en fonte? — Quel est l'inconvénient de la fonte?

5. Citez six autres métaux. — *Que fait-on avec l'or et l'argent? — Citez quelques objets en zinc. — Quelques objets en cuivre.*

A la lime, le serrurier polit les pièces de fer.

EXERCICES D'OBSERVATION

1. Plier une lame de fer et une lame d'acier.

' Casser un fil de fer à la main.

Un marteau pilon de 100 000 kilos qu'un seul homme fait mouvoir !

DEVOIR

Compléter les phrases suivantes :

Avec la fonte on fait des ..., des ..., des .... Avec l'acier, on fait tous les outils, comme les ..., les ..., les ..., les ..., les .... — Avec l'argent et l'or, on fait des ... et des .... — Avec le cuivre, on fait des ....

Le triomphe du fer : automobiles, navires, ponts, etc.!

LEÇON. — **On prépare le fer en chauffant avec du charbon le minerai de fer dans un haut fourneau. Le fer chauffé au feu de la forge se laisse aisément travailler. Avec le fer on fait beaucoup d'objets utiles.**

Dessins au trait.

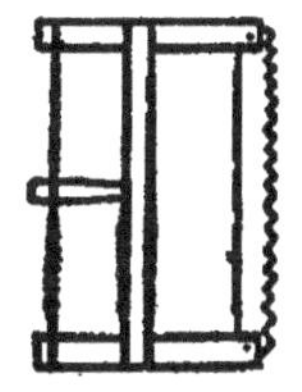

Scie ordinaire.

Pont en fer.

Plumes.

LE VERRE

On fait le verre dans des usines appelées verreries.

Soufflé, le verre fondu se tourne en boule creuse.

On coule le verre dans un moule pour faire une bouteille.

On fait en verre quantité d'objets.

LECTURE

1. Le *verre* est un corps transparent, c'est-à-dire qu'il laisse passer la lumière. C'est grâce aux vitres de la fenêtre que nous pouvons voir ce qui se passe de l'autre côté de la fenêtre sans avoir à craindre le froid ou la pluie.

2. Pour fabriquer le verre, on fond ensemble dans un vase de terre, appelé *creuset*, du sable fin, de la craie et des cristaux des blanchisseuses. On obtient ainsi un liquide épais qui est du verre fondu.

3. Pour faire les vitres, le verrier prend un peu de verre fondu, au bout d'un long tube en fer, appelé *canne*. Il souffle fortement dans le tube. Le verre se gonfle et forme une sorte de manchon.

4. Pendant que le manchon est encore chaud, l'ouvrier le coupe régulièrement avec un couteau et l'étale sur un marbre. La vitre est faite.

5. On peut couler directement le verre fondu dans des moules pour faire divers objets, comme les verres à boire et les bouteilles.

LE VERRE

EXERCICES ORAUX

1. Qu'est-ce qu'un corps transparent? — Pourquoi met-on des vitres aux fenêtres? — *Citez plusieurs objets en verre.*

2. Avec quoi fait-on le verre? — Dans quoi fait-on fondre les substances que l'on emploie?

3. Citez des objets en verre moulé. — *Quel est l'inconvénient des objets en verre? — Quels sont les avantages du verre?*

4. De quelle manière le verrier fabrique-t-il le verre à vitres? — *Pourquoi les verriers sont-ils obligés de travailler presque nus?* — Quelle forme prend la goutte de verre quand l'ouvrier souffle dans le tube? — Que fait le verrier ensuite. — *Pourquoi doit-il se dépêcher pour étendre le verre sur le marbre? — Connaissez-vous un objet en verre qui nous permet de mieux voir les objets?*

Derrière la fenêtre, la maman voit Léon rentrant de l'école.

Encore un verre cassé! Louise ne prend pas assez de précaution!

DEVOIR

Complétez les phrases :

Le verre est transparent, c'est-à-dire .... Il est fragile, c'est-à-dire .... Les ... et les ... sont en verre.

Comme on voit bien la fleur avec cette loupe!

LEÇON. — **On fabrique le verre en fondant ensemble du sable fin, de la craie et des cristaux des blanchisseurs. On obtient ainsi le verre transparent dont on fait les vitres, les verres à boire, les bouteilles.**

Dessins au trait.

Fenêtre.

Lunettes.

Bouteille.

LA LAINE

Le mouton a une toison de laine.

Tous les ans, vers juin, on tond les moutons.

Avec la laine, on fait des matelas, des draps, etc.

Les vêtements de laine sont chauds.

LECTURE

1. Nous protégeons notre corps contre le froid, la chaleur ou la pluie à l'aide de *vêtements*. Beaucoup de nos vêtements sont en *laine*. La laine provient de la *toison* du mouton.

2. Chaque année, vers le mois de juin, le berger *tond* les moutons pour avoir leur laine. Cette laine est remplie de poussières et de graisse. Il faut donc la laver soigneusement.

On lave la laine soit sur le dos du mouton, soit après avoir coupé la toison.

3. La laine, bien nettoyée, est *filée*, c'est-à-dire arrangée en longs fils. Ces fils, qui sont teints, peuvent alors servir à faire les bas ou les tricots. Avec la laine filée, on tisse également à la machine des étoffes de drap.

4. On fabrique beaucoup de drap dans le nord de la France.

5. Autrefois, les femmes filaient la laine à la main et l'enroulaient à l'aide d'un *rouet*. Le tisserand entrecroisait les fils de laine pour en faire des étoffes grossières. Aujourd'hui, les machines font mieux et vont beaucoup plus vite.

LA LAINE

EXERCICES ORAUX

1. Pourquoi portons-nous des vêtements? — D'où nous vient la laine? — *Quels sont les autres animaux dont les poils servent à faire les étoffes?*

2. *Pourquoi le berger tond-il toujours les moutons quand il fait chaud?* — D'où provient la poussière contenue dans la toison? — Comment lave-t-on la laine du mouton?

3. Qu'est-ce filer la laine? — *Quel est le nom des usines où on file la laine?* — Comment teint-on les fils de laine? — *Que fait-on avec la laine en écheveau?*

4. Comment filait-on la laine autrefois? — *De quelle manière le tisserand tissait-il la laine?*

Comment on filait la laine, il y a 60 ans!

EXERCICE D'OBSERVATION

Défiler fil à fil un fragment d'étoffe.

Tissez, tisserands, la laine moelleuse!

DEVOIR

Répondre aux questions suivantes :

A quoi servent les vêtements? (Ex. : *Les vêtements servent à protéger* ..., etc.). — Nommez quatre vêtements en laine. — D'où provient la laine de nos vêtements? — Que fait-on de la laine quand elle est coupée?

... Sans le tailleur, qui coudrait l'habit? Irions-nous tout nus le jour et la nuit?
(J. AICARD.)

LEÇON. — **La laine nous est donnée par les moutons. Cette laine est d'abord lavée puis filée. Avec les fils de laine, on tisse des étoffes servant à faire nos vêtements.**

Dessins au trait.

Forces du tondeur.

Pelote de laine.

Veste.

LE COTON, LE CHANVRE, LE LIN

Le coton vient du duvet de la graine du cotonnier.

Avec les fibres du chanvre, on fait de gros fils.

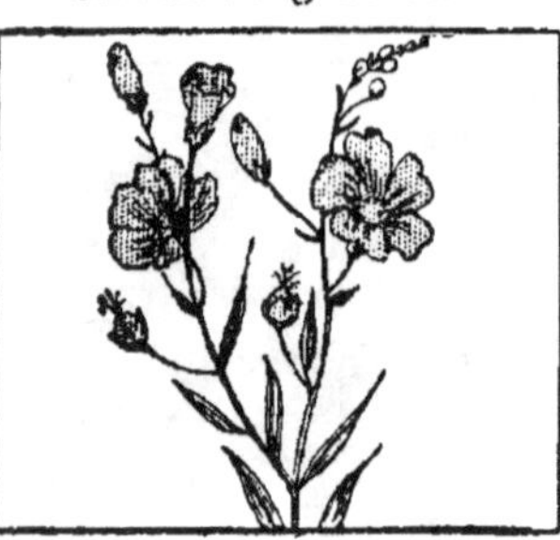

Avec les fibres du lin, on fait des fils fins.

Dentelles et batistes sont en fil de lin.

LECTURE

1. Vos chemises, vos mouchoirs et vos habits d'été sont en coton. Le coton nous vient du *cotonnier*, arbre des pays chauds, comme les Indes. Son fruit est recouvert d'un fin duvet dont on fait des fils très solides.

2. Des nègres ont récolté le coton et en ont fait de gros ballots ou balles, qui nous ont été apportés par les navires.

3. Dans les filatures, on a nettoyé le coton, puis on l'a tordu à la machine en fils longs et réguliers. D'autres machines ont tissé, c'est-à-dire entre-croisé ces fils pour en former une étoffe. Votre mère a acheté cette étoffe, l'a taillée et a cousu les différentes parties pour en faire votre chemise.

4. Le *lin* et le *chanvre* sont des plantes qui poussent dans le Nord de la France. Leur tige renferme des fibres très solides qu'on peut séparer après l'avoir laissée pendant quelque temps dans l'eau. C'est avec ces fibres qu'on fait les fils.

5. Le chanvre est utilisé pour faire les toiles communes les cordages et les toiles grossières comme celle des sacs. Avec le lin, on fait des toiles fines et des dentelles.

LE COTON, LE CHANVRE, LE LIN

EXERCICES ORAUX

1. D'où nous vient le coton? — Quelle est la partie du cotonnier qui porte les fils?

2. Comment se fait la récolte du coton?

3. Quelle est la première opération que l'on doit faire subir au coton? — *Qu'est-ce qu'une filature? — Que signifie ce mot? — Qu'appelle-t-on tissu? — Comment appelle-t-on l'ouvrier qui tisse les étoffes? — Citez quatre objets faits en coton.*

4. De quelle partie de la plante tire-t-on les fibres? — Pourquoi met-on les tiges dans l'eau pendant quelque temps?

5. Que fait-on avec le chanvre? — Que fait-on avec le lin?

On retire le chanvre de l'eau quand il y a séjourné assez longtemps.

EXERCICES D'OBSERVATION

1. Défiler une étoffe de coton.
2. Comparer un morceau de linge et un morceau de sac.

DEVOIR

Compléter les phrases suivantes :

Le cotonnier, le lin et le chanvre sont des plantes textiles, parce que ces plantes .... — Le cotonnier pousse dans .... — On cultive du lin et du chanvre dans ....

La filasse tordue fera de la corde solide.

LEÇON. — **Le duvet de la graine du cotonnier peut être filé, puis tissé à l'aide de machines qui en font des étoffes de coton. Les fils du lin servent à fabriquer de fines étoffes.**

Le travail délicat de la dentellière.

Dessins au trait.

Chemise d'enfant.

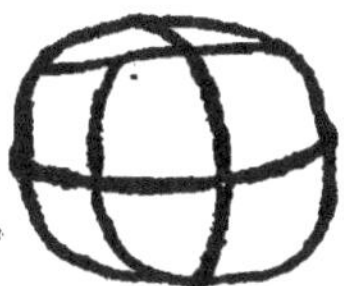

Balle de coton.

Dentelle simple.

LE CUIR

La peau de certains animaux nous donne le cuir.

On racle la peau pour enlever les poils.

La peau est ensuite tannée, puis séchée.

Le cuir est un produit des plus employés.

LECTURE

1. Le *cuir* nous est fourni par la peau de plusieurs animaux, tels que le mouton, la chèvre, le veau, la vache, le bœuf et le cheval.

Si l'on employait la peau de ces animaux sans la préparer, elle se rétrécirait et se dessécherait bientôt.

2. Pour transformer la peau en cuir, on la plonge d'abord dans de l'eau renfermant de la chaux, puis on la racle ensuite soigneusement pour enlever les poils.

Après cette opération, on *tanne* la peau.

3. Pour tanner la peau, on la laisse pendant plusieurs mois dans une fosse renfermant de l'eau et de l'écorce de chêne, appelée *tan*.

Le tan a pour but d'empêcher le cuir de s'altérer dans la suite et de lui conserver sa souplesse et sa solidité.

4. Quand le cuir est sec, on peut le teindre pour l'utiliser de nombreuses manières.

5. Le cuir de la chèvre et du mouton sert à faire des chaussures fines, des gants et divers autres objets (porte-monnaie, portefeuilles, etc.)

LE CUIR

EXERCICES ORAUX

1. D'où nous vient le cuir? — Quels sont les principaux animaux qui nous fournissent le cuir?

2. *Pourquoi doit-on préparer la peau des animaux avant de s'en servir?* — Comment enlève-t-on les poils des peaux? — *Utilise-t-on parfois la peau de certains animaux encore garnie de ses poils?*

3. Comment tanne-t-on le cuir? — D'où vient le tan? — *Quelles sont les qualités du cuir bien tanné? — Pourquoi est-il important que le cuir conserve sa souplesse?* — Indiquez des objets en cuir qui doivent être souples.

4. Quelle est la dernière opération que l'on fait subir au cuir après le tannage?

5. Citez des objets faits en cuir fin. — *Citez des objets qui doivent être faits avec du gros cuir?*

DEVOIR

Répondre aux questions suivantes :

Quels sont les principaux animaux dont la peau nous fournit le cuir? — Qu'est-ce que le tan? — Quels sont les animaux dont la peau donne du cuir fin? du cuir épais? — Quels objets fait-on en cuir?

Le cordonnier bat le cuir de la semelle pour le durcir.

Le cuir est la matière essentielle des harnais.

Ces gants de chevreau sont souples et solides.

LEÇON. **— Le cuir est fait avec la peau de certains animaux. Pour préparer ces peaux, on les débarrasse des poils. On tanne ensuite ces peaux à l'aide de l'écorce de chêne, appelée tan, qui empêche la peau de s'altérer.**

Dessins au trait.

Soulier.

Gant.

Sac.

LE CHEVAL ET LE CHIEN

Un cheval de selle : le cheval anglais.

Un cheval de trait : le cheval percheron.

Un chien de luxe : le lévrier.

Un chien très utile : le chien de berger.

LECTURE

1. Le *cheval* et le *chien* sont des animaux domestiques. Ils ont quatre pattes. Leur corps est couvert de poils. Ce sont des mammifères. Les pattes du chien sont terminées par des griffes. Celles du cheval portent des sabots en corne. On ferre le cheval pour éviter l'usure trop rapide des sabots.

2. Le *cheval* est très fort. Il tire la charrue; il traîne de lourdes voitures. C'est un auxiliaire précieux du cultivateur.

C'est aussi un excellent coursier.

3. Le *chien* est un fidèle ami de l'homme. Il protège son maître dans le danger. Il surveille le troupeau avec le berger. Il garde la maison et la défend contre les malfaiteurs. Dans les Alpes, les chiens du mont Saint-Bernard vont à la recherche des voyageurs égarés dans les neiges.

4. Le chien a un excellent odorat. Il sent de loin le gibier et peut le poursuivre sans le voir.

5. Nous devons bien nourrir et bien traiter ces bons serviteurs.

LE CHEVAL ET LE CHIEN

EXERCICES ORAUX

1. Combien de pattes ont le cheval et le chien? — Comment se termine le pied du cheval? — Pourquoi ferre-t-on le cheval?

2. A quels travaux emploie-t-on le cheval en agriculture? — *A l'aide de quoi le cavalier dirige-t-il son cheval?*

3. De quelle manière le chien de berger garde-t-il le troupeau? — Que savez-vous sur le chien du mont Saint-Bernard?

4. *Comment le chien retrouve-t-il son maître quand celui-ci n'est pas là?* — Citez les différents services que nous rendent les chiens.

5. Que pensez-vous des gens qui maltraitent les animaux domestiques?

Le cavalier fait d'agréables promenades dans la campagne.

Grâce à son chien fidèle, le pauvre aveugle peut se diriger sans danger.

DEVOIR

Parmi les actions suivantes, grouper dans une phrase celles qui se rapportent : 1° au *cheval*; 2° au *chien*. (Ex. : Le cheval *traîne la voiture*, *tire la charrue*, etc.) — Traîne la voiture — surveille le troupeau — garde la maison — tire la charrue — dirige l'aveugle — aide le chasseur — porte le cavalier.

Ce serait la mort affreuse dans la neige sans le flair de ce brave chien!

LEÇON. — **Le cheval est fort : il traîne de lourdes voitures ou emporte rapidement son cavalier où il le conduit. Le chien est fidèle à son maître : il le sert et il le défend.**

Dessins au trait.

Cheval.

Sabot de cheval.

Patte de chien.

Chien.

LA VACHE, LE MOUTON, LA CHÈVRE

Une vache et son veau dans un pâturage.

La timide brebis et son agneau bêlant.

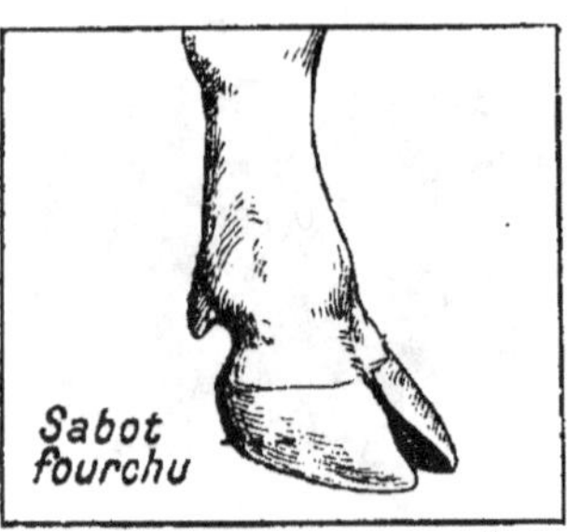

Le pied fourchu de la vache.

La chèvre vive, capricieuse et vagabonde.

LECTURE

1. Vous avez déjà vu la vache au pâturage dans les champs. Elle porte sur la tête deux fortes cornes recourbées. Son pied fourchu est terminé par deux sabots en corne.

2. La *vache* est un mammifère. Elle nourrit son petit, le *veau*, avec le lait produit par ses mamelles. Elle se nourrit d'herbe et de paille.

Le lait de la vache et sa chair servent à notre nourriture. Sa peau nous fournit du cuir. Sa corne et ses os servent à faire de menus objets, comme des boutons ou des manches de couteaux.

3. Voici maintenant le plus doux et le plus inoffensif de nos animaux domestiques, le mouton. Voyez le mouton. Son corps est couvert d'une toison, faite de poils fins et serrés. Son pied fourchu est fait aussi de deux petits sabots. On élève le mouton pour sa laine et pour sa chair, qui est très estimée.

4. La *chèvre* est appelée la vache du pauvre, parce qu'elle coûte peu à nourrir. Sa peau est très recherchée parce qu'elle est fine. Son lait est, comme celui de la vache, un aliment précieux. On en fait, en Auvergne surtout, d'excellents fromages.

LA VACHE, LE MOUTON, LA CHÈVRE

Attelés deux à deux, les bœufs trainent de lourdes charges.

EXERCICES ORAUX

1. Où voit-on les vaches en été? — Quelle est la forme du pied de la vache? — En quoi sont faits les sabots? — Comment appelle-t-on le petit de la vache?

2. Qu'est-ce qu'un mammifère? — De quoi se nourrit la vache? — *Que faisons-nous avec le lait de la vache?* — Quelles sont les choses utiles que nous donne la vache? — Quels objets fait-on avec la corne?

3. Décrivez le corps du mouton. — *Comment les chiens gardent-ils le troupeau de moutons? — Quelles sont les parties du corps du mouton qui sont le plus recherchées en boucherie? — Qu'est-ce qu'un agneau?*

4. *Les poils de la chèvre ressemblent-ils à ceux des moutons? — Quel est le petit de la chèvre?*

Le berger, debout et attentif, veille sur son troupeau.

DEVOIR

Compléter les phrases suivantes :

La vache est un mammifère, c'est-à-dire un animal utile. Elle nous donne sa chair. — Le mouton nous donne sa chair et sa laine avec laquelle .... — La chèvre est appelée la vache du pauvre, parce qu'elle ....

Dans les pays de montagnes, on élève de nombreux troupeaux de chèvres.

LEÇON. **— La vache, le mouton et la chèvre sont des mammifères. Le poil du mouton et de la chèvre sert à faire des étoffes. La chair de tous ces animaux est excellente.**

Dessins au trait.

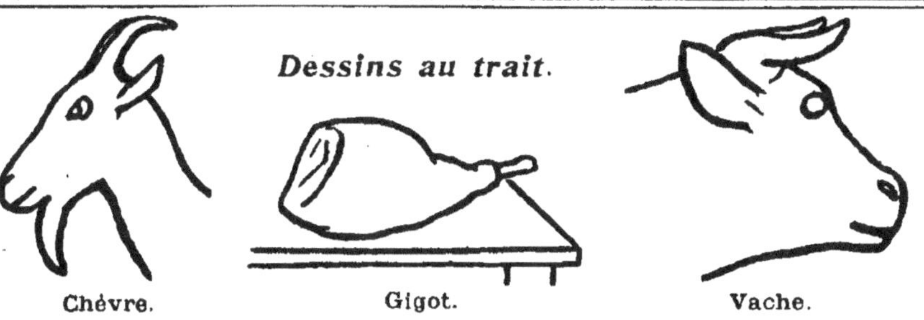

Le renard égorge la volaille et l'emporte à son terrier.

La fouine tue la volaille pour en sucer le sang.

Le loup, terreur des moutons et du berger!

Le sanglier saccage les bois et les récoltes.

LECTURE

1. Il existe en France quelques espèces de mammifères sauvages, tels que le *renard* à la queue longue et touffue, au museau pointu, et la *fouine* au corps allongé. Ces deux animaux sont des carnassiers; ils se nourrissent surtout d'oiseaux; quand ils pénètrent dans nos basses-cours, ils y font de grands dégâts.

2. Le *loup*, également carnassier, est semblable à un gros chien; il se rencontre encore dans quelques régions montagneuses, où il s'est réfugié depuis qu'on lui a fait presque partout une guerre acharnée.

3. Le *sanglier* est une sorte de porc sauvage. Son corps est couvert de poils rudes appelés soies, qui servent à faire les brosses.

4. Le *rat* et la *souris* sont de petits rongeurs très gênants dans nos habitations. Avec leurs petites dents de devant, très coupantes, ils rongent nos provisions et tout ce qu'ils trouvent à leur goût.

Le *lièvre* et le *lapin* sont également des rongeurs.

5. On trouve aussi dans nos forêts d'autres animaux sauvages, pourvus de cornes, comme le *cerf* et le *chevreuil*, qui se nourrissent d'herbe.

EXERCICES ORAUX

1. De quoi se nourrit le renard? — *Le renard et la fouine nous fournissent-ils quelques produits utiles?*

2. Où vivent les loups? — Pourquoi y a-t-il en France moinsde loups qu'autrefois?

3. A quel animal le sanglier ressemble-t-il? — Que fait-on avec ses soies?

4. Pourquoi le rat et la souris sont-ils appelés des rongeurs? — Comment nous sont-ils nuisibles? — De quoi se nourrissent le lièvre et le lapin?

5. Citez quelques animaux sauvages de la forêt.

Détale vite, pauvre lièvre, voici le chasseur!

EXERCICES D'OBSERVATION

Comparer les poils du lapin avec ceux du sanglier.

DEVOIR

Faire une petite phrase avec chacun des mots suivants. Ex. : *Le renard a une queue longue et touffue.*

1° *Le renard* ...; — 2° *La fouine* ...; — 3° *Le loup* ...; — 4° *Le sanglier* ...; — 5° *Le rat et la souris* ...; — 6° *Le lièvre* ...; — 7° *Le cerf* ....

De la gourmandise ou de la prudence, qu'est-ce qui va l'emporter?

LEÇON. — **Les principaux mammifères sauvages de nos pays sont le renard qui détruit nos volailles et le loup ennemi des moutons. Le rat et la souris sont des rongeurs très nuisibles. Le lièvre et le lapin sont aussi des rongeurs dont la chair est très bonne.**

De charmants hôtes de nos bois : cerfs et biches!

Dessins au trait.

Tête de sanglier.

Tête de renard.

Tête de cerf.

LES OISEAUX DE LA BASSE-COUR

Les principaux oiseaux de la basse-cour : coq et poule.

La poule conduit et protège ses poussins.

L'oie nous donne sa chair et son fin duvet.

Le dindon est le plus gros oiseau de la basse-cour.

LECTURE

1. Dans la basse-cour, la fermière élève des volailles et principalement des poules. La *poule* est la femelle du *coq*. Ses petits s'appellent des *poussins*.

2. Le corps de la poule, comme celui de tous les oiseaux, est couvert de plumes. Elle a deux pattes et deux ailes. Sa tête se termine par un bec qui lui sert à écraser les graines ou les vers dont elle se nourrit. Sur sa tête se dresse une crête.

3. La poule pond des œufs. Quand on les lui laisse, elle les couve sous ses ailes pendant trois semaines. Au bout de ce temps, un gentil poussin sort de chaque œuf.

La poule conduit ses petits et les appelle par un cri particulier. Elle leur apprend à gratter le sol pour y chercher leur nourriture.

4. On voit encore dans la basse-cour la *pintade* et le *dindon*. Le *canard* et *l'oie* sont aussi des oiseaux domestiques, mais ils préfèrent à la basse-cour le ruisseau ou la mare sur lesquels ils nagent admirablement, grâce à la disposition de leurs pattes.

LES OISEAUX DE LA BASSE-COUR

EXERCICES ORAUX

1. Quel est le principal oiseau de la basse-cour? — Quel est le mâle de la poule? — Quel est le nom de son petit?

2. Comment le corps de la poule est-il protégé? — A quoi servent les ailes des oiseaux? — *Comment est faite une plume?* — *Que fait-on avec les plumes?* — De quoi se nourrit la poule? — *Quelle différence extérieure voyez-vous entre le coq et la poule?* — *Leur chant est-il le même?* — Pourquoi élève-t-on des volailles?

3. Quelle est la couleur et la forme d'un œuf de poule? — *La poule pond-elle tous les jours?* — Pourquoi la poule couve-t-elle ses œufs? — *Comment les poussins sortent-ils de l'œuf?* — Au bout de combien de jours?

4. Citez de gros oiseaux de la basse-cour. — *Comment sont faites les pattes du canard?* — *Pourquoi sont-elles élargies?*

DEVOIR

Compléter les phrases suivantes :

Le mâle de la poule est le ...; les petits de la poule s'appellent .... — La poule pond .... — La poule couve ses œufs pendant .... — Les autres oiseaux de basse-cour sont ....

***LEÇON.* — Les oiseaux de la basse-cour et surtout la poule sont élevés pour leur chair et leurs œufs. Le canard et l'oie nagent très bien car leurs pattes très larges leur servent de rames.**

La fermière nourrit avec soin ses volailles.

Coin! coin! Suivez-moi, mes gentils canetons.

Toute l'après-midi, Jacques gardera ses oies au pré.

Dessins au trait.

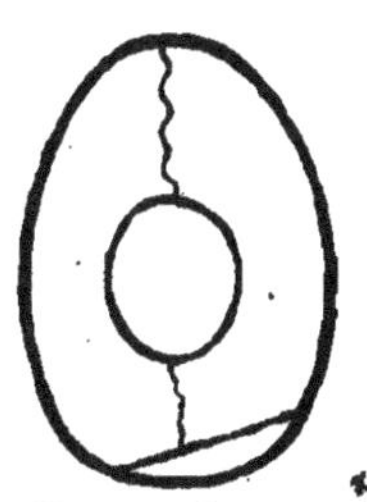

Coupe d'un œuf.

Patte de canard.

Tête de coq.

LES PETITS OISEAUX

L'oiseau fait son nid avec un art merveilleux.

La femelle pond, puis couve ses œufs.

Le père et la mère apportent la becquée à leurs petits.

La première leçon de vol donnée aux oiselets.

LECTURE

1. Au printemps, les petits oiseaux construisent leurs *nids*. La femelle y pond ses œufs et les couve pendant une quinzaine de jours.

2. Quand les petits sont *éclos*, c'est-à-dire sortis de l'œuf, le père et la mère les nourrissent avec des insectes et des chenilles.

3. Les petits oiseaux nous sont très utiles, car ils détruisent les chenilles qui dévastent nos plantations.

4. L'*hirondelle* est l'hôte de la maison : elle bâtit avec de la terre son nid au coin de notre fenêtre.

Le *pinson*, le *chardonneret*, le *rossignol* et la *fauvette* font le leur avec de la mousse sur les arbres du jardin.

5. C'est une bien mauvaise action de détruire les nids.

Cependant, on doit faire la chasse aux oiseaux nuisibles, comme la *buse* qui s'attaque parfois aux volailles de la basse-cour.

6. La plupart des petits oiseaux nous quittent quand vient l'hiver et ils émigrent dans les pays chauds. Pourtant le *rouge-gorge*, le *merle* et le *moineau* passent l'hiver chez nous.

LES PETITS OISEAUX

EXERCICES ORAUX

1. A quelle époque les oiseaux font-ils leurs nids? — *Pourquoi les petits oiseaux construisent-ils ces nids?*

2. Quand la mère a couvé les œufs, que se passe-t-il?

3. *Pourquoi les oiseaux nous sont-ils utiles?* — Quels sont les principaux oiseaux utiles que vous connaissez?

4. Avec quoi l'hirondelle bâtit-elle son nid? — *Citez quelques oiseaux chanteurs?*

5. *Pourquoi ne doit-on pas détruire les nids des petits oiseaux?* — Citez quelques oiseaux nuisibles.

6. *A quelle époque nous quittent les hirondelles?* — Où vont-elles? — Citez des oiseaux qui passent l'hiver dans nos contrées.

Les petits oiseaux sont de grands mangeurs d'insectes.

EXERCICES D'OBSERVATION

1. Examiner un nid d'hirondelle.
2. Observer la forme des ailes de l'hirondelle.

DEVOIR

Écrire le nom :

1° de trois oiseaux du jardin;

2° de trois oiseaux des bois;

3° de trois oiseaux qui passent l'hiver dans nos pays.

La chouette et le hibou détruisent les souris et les rats.

LEÇON. — **Les petits oiseaux font leurs nids pour y pondre leurs œufs. Quand les œufs sont éclos, les parents nourrissent leurs petits avec des chenilles. Ne détruisons pas les oiseaux car ils sont très utiles à l'agriculture.**

C'est l'automne! les hirondelles se disposent à partir.

Dessins au trait.

Tête de moineau.

Patte d'oiseau.

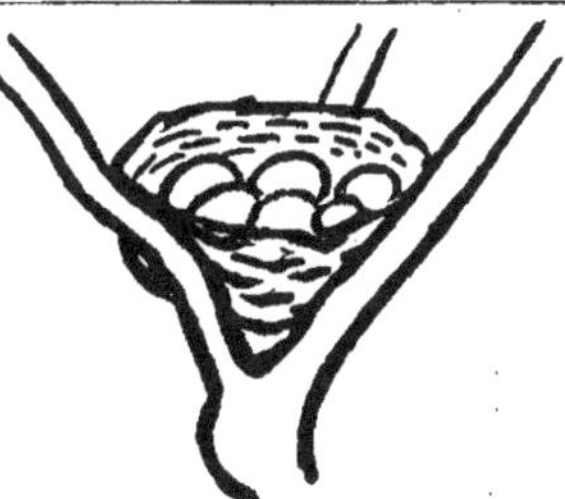

Nid et œufs.

UN INSECTE NUISIBLE : LE HANNETON

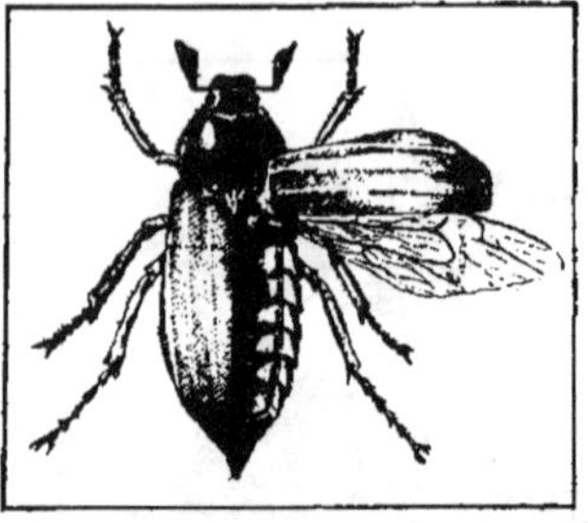
Le hanneton a le corps formé d'anneaux; 6 pattes, des antennes en éventail.

La larve du hanneton, ou ver blanc, vit trois ans sous terre.

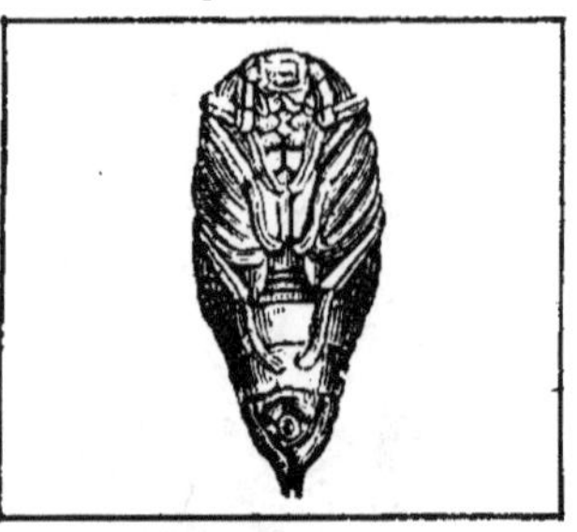
Le ver blanc se transforme en chrysalide.

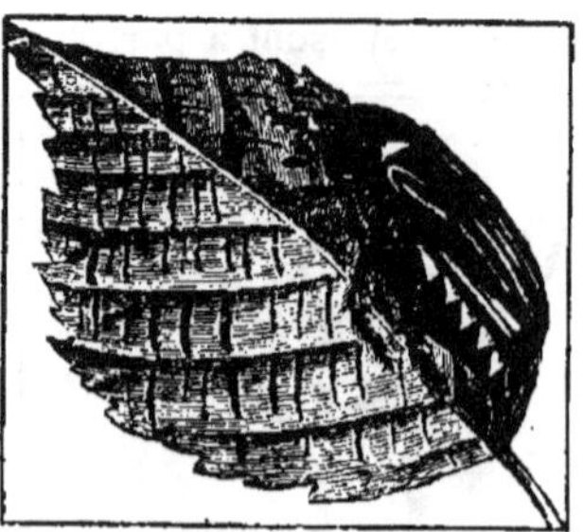
En avril ou mai, le hanneton ailé sort de terre.

LECTURE

1. Le *hanneton* est un insecte. Il a deux grosses ailes sous lesquelles se replient les deux ailes qui servent au vol; il a six pattes. Sa tête présente sur les côtés deux gros yeux, et en avant, deux antennes, organes du toucher. Au-dessous est la bouche.

2. Le hanneton pond ses œufs dans le sol. De chaque œuf sort une sorte de chenille, appelée *larve* ou *ver blanc*, dépourvue d'ailes.

Ce ver blanc passe trois années sous terre à ronger les racines des jeunes plantes. C'est pourquoi il est nuisible. Les corbeaux et les pies font la chasse aux hannetons et aux vers blancs.

3. Quand il a atteint son complet développement, le ver blanc s'enferme dans une logette en terre qu'il fabrique et qui est le cocon.

Dans ce cocon, le ver blanc se transforme en un hanneton qui a six pattes et quatre ailes.

4. Presque tous les insectes subissent ainsi plusieurs *métamorphoses*, c'est-à-dire plusieurs changements successifs : *ver* ou *larve*, *cocon*, *insecte parfait*.

UN INSECTE NUISIBLE : LE HANNETON

EXERCICES ORAUX

1. *A quelle époque trouve-t-on des hannetons?* — Combien de pattes a le hanneton? — Combien d'ailes? — A quoi servent les antennes?

2. Que sort-il de l'œuf du hanneton? — Comment vit le ver blanc?

3. Combien de temps le ver blanc vit-il sous terre? — A l'aide de quoi fait-il son cocon? — *Quelle différence y a-t-il entre le ver blanc et le hanneton?*

4. Quels sont les changements que subissent les insectes? — Pourquoi le hanneton est-il nuisible? — *Quels sont les ennemis du hanneton?*

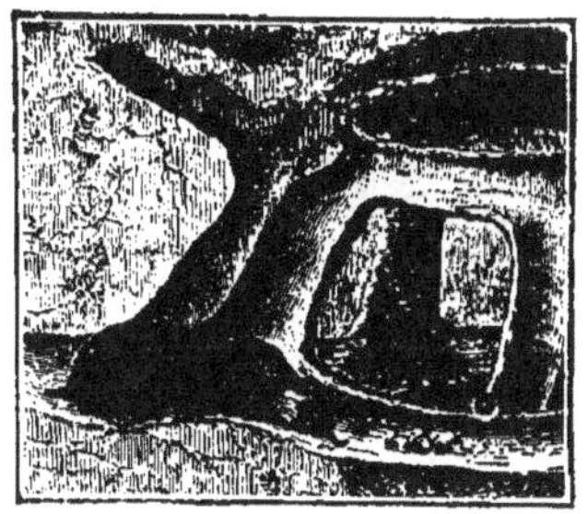

La taupe détruit une grande quantité de vers blancs.

EXERCICES D'OBSERVATION

1. Examiner les deux paires d'ailes du hanneton. Différence entre ces ailes.
2. Comment se terminent ses pattes?

Les corbeaux se régalent des vers blancs déterrés par le laboureur.

DEVOIR

Résumer la lecture d'après le plan suivant :

1. Décrire un hanneton. — 2. Qu'est-ce que le ver blanc; pourquoi est-il nuisible? — 3. Quelles métamorphoses subit le hanneton?

Il faut détruire les hannetons en les plongeant dans l'eau bouillante.

LEÇON. — **Le hanneton, comme beaucoup d'insectes, a quatre ailes et six pattes! Sa tête porte deux gros yeux et une paire d'antennes organes du toucher. C'est un insecte nuisible. Il faut le détruire.**

Dessins au trait.

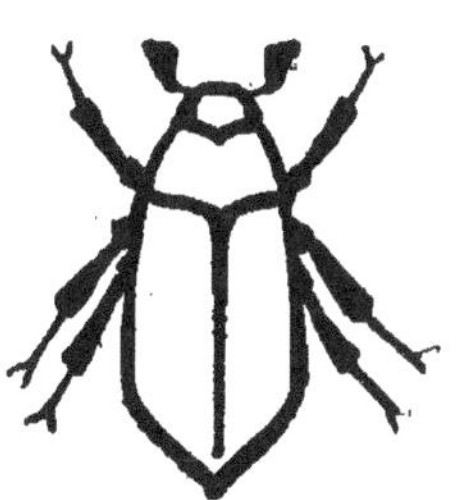

Hanneton.

Ver blanc.

Papillon.

UN INSECTE NUISIBLE : LE PAPILLON

Le papillon est un bel insecte, mais nuisible.

La chenille du papillon est extrêmement vorace.

Les chenilles sont parfois rassemblées dans des sortes de nids.

La chenille se transforme en nymphe qui se change en papillon.

LECTURE

1. Ce léger *papillon*, aux ailes brillamment colorées, est également un insecte ennemi de nos cultures. Son corps est divisé en trois parties : tête, thorax, abdomen ou ventre. Il a six pattes et quatre ailes. Sa tête porte une trompe, sorte de suçoir enroulé en spirale.

De l'œuf pondu par le papillon sort une chenille qui se nourrit des feuilles des plantes.

2. Après quelques semaines, la chenille s'enveloppe d'un cocon qu'elle a filé elle-même. Dans ce cocon, elle se change en *nymphe* ou *chrysalide*, dépourvue d'ailes.

La nymphe se transforme en un papillon ayant six pattes et quatre ailes. Ce papillon perce le cocon pour s'envoler.

3. Ainsi le papillon, comme le hanneton, passe par trois états successifs en sortant de l'œuf : ***chenille***, ***nymphe***, ***insecte parfait***.

4. La vilaine chenille se change donc en un brillant papillon! Chenilles et papillons sont nuisibles. Heureusement les oiseaux leur font une chasse constante.

UN INSECTE NUISIBLE : LE PAPILLON

EXERCICES ORAUX

1. Comment est fait le corps du papillon? — Combien de pattes a-t-il? et d'ailes? — Que sort-il de l'œuf du papillon? — *Quelle différence y a-t-il entre le papillon et la chenille? — Comment marche la chenille?*

2. Quel changement la chenille subit-elle dans le cocon? — Que devient la nymphe ou chrysalide?

3. Quelles sont les différentes formes que prend l'insecte en sortant de l'œuf? — *Quelle différence y a-t-il entre la nymphe et le papillon? — A quel moment de l'année les papillons sont-ils nombreux?*

4. Quels sont les ennemis des papillons et des chenilles?

EXERCICES D'OBSERVATION

1. Examiner un papillon.
2. Chercher des œufs de papillon sur les feuilles du chou.

DEVOIR

Résumer la lecture d'après le plan suivant :

1. Décrire un papillon. — 2. Que devient l'œuf du papillon? — 3. Que devient la chenille? — 4. Que devient la nymphe ou chrysalide?

LEÇON. — **Le papillon est un insecte. Il subit plusieurs métamorphoses : larve ou chenille, cocon et insecte parfait. Le joli papillon a donc d'abord été une chenille. Presque tous les papillons et les chenilles sont nuisibles.**

Une chenille qui avance d'une façon bizarre : la chenille arpenteuse.

Si l'on n'échenillait pas les arbres, nos champs et nos vergers seraient dévastés.

Joyeux passe-temps des vacances à la campagne : la chasse aux papillons!

Dessins au trait.

Papillon.

Trompe du papillon.

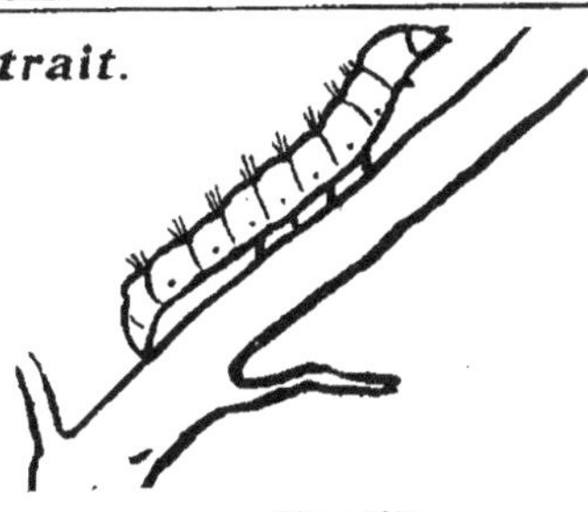

Chenille.

UN INSECTE UTILE : L'ABEILLE

L'abeille est un insecte utile.

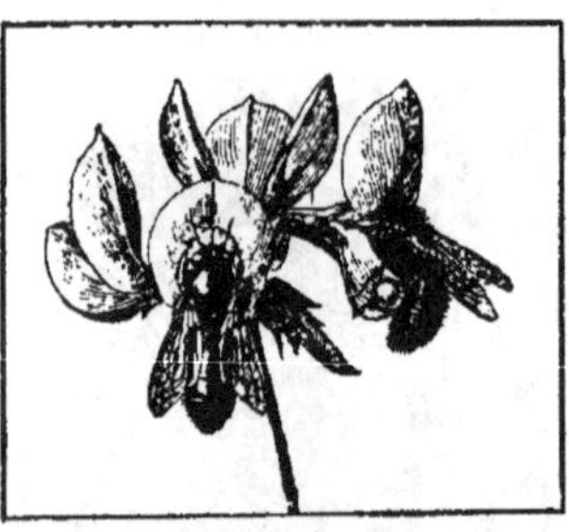

L'abeille butine le miel au sein des fleurs.

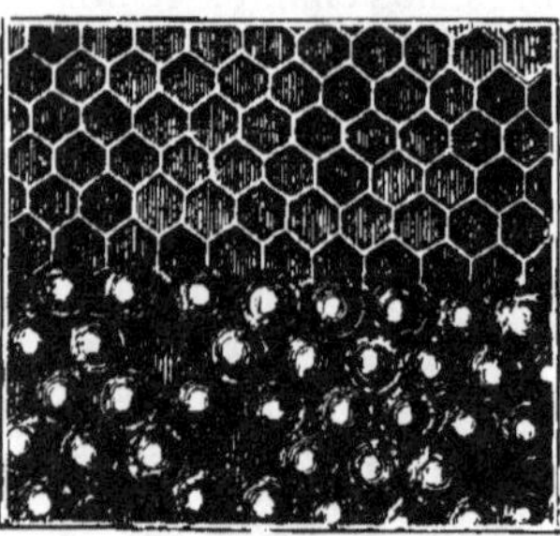

L'abeille dépose le miel dans des cellules de cire.

Les abeilles domestiques vivent dans des ruches.

LECTURE

1. L'*abeille* est un insecte. Elle a quatre ailes et six pattes. Son corps, formé d'anneaux, est divisé en trois parties : tête, thorax, abdomen.

Elle est munie à l'extrémité de son corps d'un aiguillon venimeux ou dard, qui fait des piqûres douloureuses.

2. Les abeilles vivent en société dans des *ruches*. On trouve dans une ruche une seule mère ou *reine* qui pond les œufs, quelques centaines de *mâles* ou bourdons dépourvus d'aiguillons, et enfin une grande quantité d'*ouvrières*.

3. Les ouvrières vont butiner sur les fleurs le miel et la cire. Avec la cire, elles construisent de petites loges régulières à six côtés, appelées *cellules* ou *alvéoles*.

Dans ces cellules, elles déposent le miel qu'elles préparent pour leur propre nourriture et pour celle des jeunes abeilles. Elles conservent une partie de ce miel pour l'hiver.

4. On peut, à la fin de l'été, leur en enlever une certaine quantité. Pour éviter d'être piqué pendant cette opération, on enfume la ruche en y brûlant un peu de chiffon. La fumée engourdit les abeilles.

UN INSECTE UTILE : L'ABEILLE

EXERCICES ORAUX

1. Décrivez le corps de l'abeille. — *Où sont placées les pattes et les ailes?* — Où est situé l'aiguillon? — *Pourquoi les abeilles ont-elles un aiguillon? — Comment soigne-t-on une piqûre d'abeille?*

2. Comment vivent les abeilles? — Combien distingue-t-on de sortes d'abeilles dans la ruche? — Comment est faite une ruche?

3. Que font les ouvrières? — Qu'est-ce que les cellules ou alvéoles? — A quoi servent ces alvéoles? — Où les abeilles récoltent-elles le miel et la cire?

4. Comment enlève-t-on le miel d'une ruche? — *Si l'on prenait tout le miel de la ruche, qu'arriverait-il?*

EXERCICES D'OBSERVATION

1. Examiner le corps d'une abeille.
2. Faire fondre de la cire.

DEVOIR

Compléter les phrases suivantes :

Les abeilles vivent dans .... — Dans une ruche, il y a trois sortes d'individus : 1° ...; 2° ...; 3° .... — Les abeilles ouvrières vont .... — Avec la cire, elles construisent .. . — Les abeilles déposent ... dans ....

LEÇON. — **Les abeilles sont des insectes utiles. Elles vivent en société dans des ruches. Elles recueillent sur les plantes la cire avec laquelle elles construisent des alvéoles. Elles remplissent ces alvéoles de miel.**

Récolte d'un essaim

Un essaim a quitté la ruche trop peuplée; on le recueille dans une autre ruche.

La cire sert à faire des vernis, des encaustiques; à cirer les parquets, etc.

Le pain d'épice, régal des enfants, est fait de farine de seigle et de miel.

Dessins au trait.

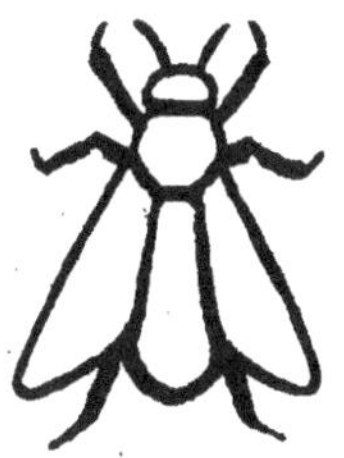

Abeille.

Rayon de miel.

Ruche.

UN INSECTE UTILE : LE VER A SOIE

Le ver à soie est la chenille d'un papillon, le bombyx du mûrier.

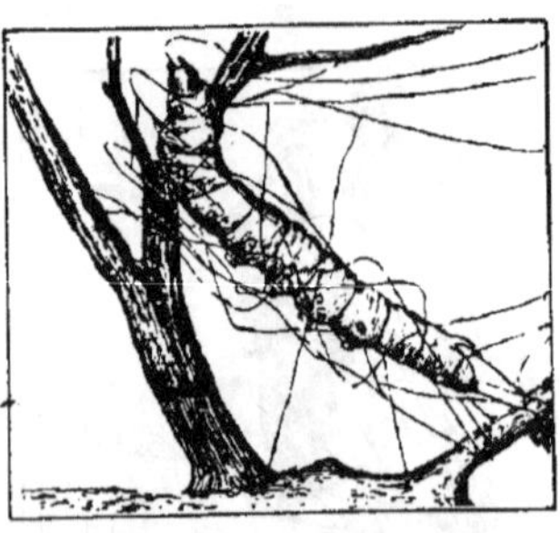
Le ver à soie se file un cocon dans lequel il s'enferme.

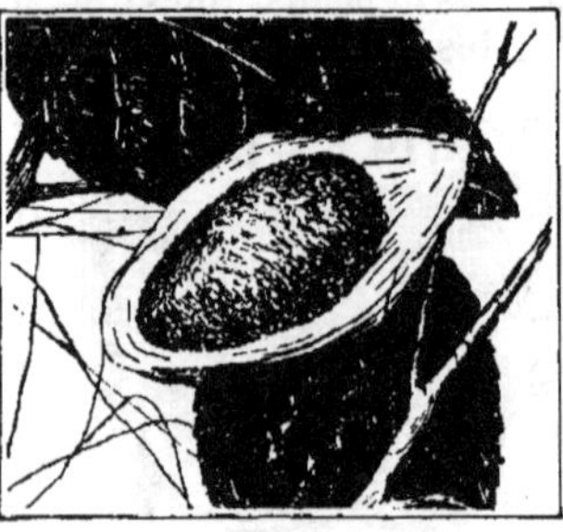
Les fils qui forment ce cocon sont des fils de soie.

Tissés, les fils de soie font des étoffes douces et souples, de grande valeur.

LECTURE

1. Voici un autre insecte utile : le *ver à soie*.

De l'œuf du papillon sort un petit ver qui se nourrit des feuilles du mûrier et qui grossit rapidement.

2. Quand le ver a atteint sa plus grande taille, après trente-deux jours, après avoir changé quatre fois de peau, il a six à sept centimètres de longueur. Alors, avec un liquide qui sort de sa bouche par de petits trous, et qui s'épaissit à l'air, il se fait un cocon de soie dans lequel il s'enveloppe.

3. Dans le cocon, le ver se change en chrysalide, puis en papillon qui percera le cocon pour sortir.

4. Mais on n'attend pas ce moment : on plonge les cocons dans l'eau bouillante avant que les papillons éclosent.

Puis, on bat ces cocons dans l'eau à l'aide d'un petit balai. Les fils commencent à se séparer. On les réunit à plusieurs pour former un fil plus résistant, qu'on enroule sur une bobine et qui servira à fabriquer les belles étoffes de soie, solides et brillantes.

UN INSECTE UTILE : LE VER A SOIE

L'élevage des vers à soie s'opère en grand dans des bâtiments appelés magnaneries.

EXERCICES ORAUX

1. De quoi se nourrit le ver à soie? — Où élève-t-on le ver à soie? — *Pourquoi ne vit-il pas dans les pays froids? — Où pousse le mûrier?*

2. Quelle est la longueur du ver à soie adulte? — Avec quoi le ver à soie file-t-il son cocon?

3. Que devient le ver dans le cocon? — *Pourquoi le papillon doit-il percer le cocon dans lequel il est enfermé?*

4. *Pourquoi étouffe-t-on les papillons formés dans les cocons?* — Comment dévide-t-on les fils des cocons?

5. *Quelles préparations fait-on subir au fil après le dévidage?* — Quel est l'aspect des étoffes de soie? — *Où fabrique-t-on les étoffes de soie?* — Que fait-on avec la soie?

Le tissage de la soie se fait à l'aide de métiers à la main ou de métiers mécaniques.

DEVOIR

Compléter les phrases suivantes :

Le ver à soie est la chenille d'un papillon, appelé .... — Au bout de ... jours, le ver à soie s'enferme ... où il se transforme en ..., puis .... — Pour dévider la soie des cocons, on les ..., puis on les .... — Avec les fils de soie, on fait ....

La Chine est le pays par excellence de la soie.

LEÇON. — **Le ver à soie s'entoure d'un cocon de soie dans lequel il se transforme en papillon. Avant que le papillon ait percé le cocon pour sortir, on l'étouffe dans l'eau bouillante. La soie du cocon filée et tissée sert à faire de belles étoffes.**

Dessins au trait.

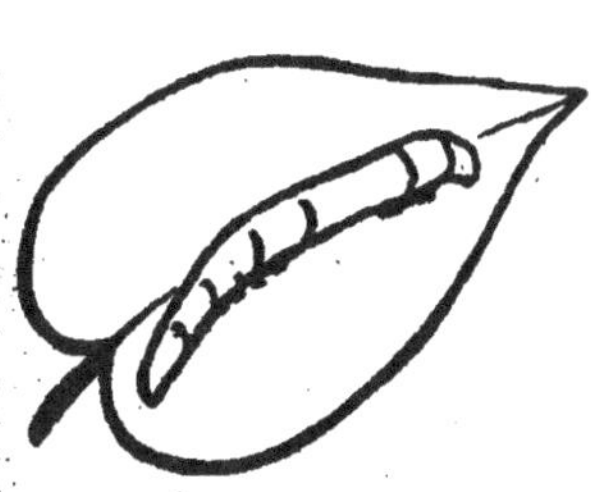

Papillon du ver à soie.

Cocon.

Carte de soie.

LE JARDIN

Le jardin est le lieu où l'on cultive des fleurs, des légumes, des arbres.

Le potager est le jardin consacré aux légumes.

Il faut s'occuper beaucoup du jardin si l'on veut qu'il rapporte.

Le verger est l'endroit réservé aux arbres fruitiers.

LECTURE

1. Les allées du jardin sont bordées de fraisiers ou de fleurs aux couleurs variées : giroflées, primevères, œillets, pensées et roses.

2. Le *potager* est la partie du jardin dans laquelle on cultive les légumes. On a d'abord, au printemps, retourné le sol à la bêche. Puis on y a semé des petits pois, des haricots, des radis, des carottes, des navets et de la salade. On y a planté des oignons, des choux et des pommes de terre.

3. L'entretien du jardin nécessite beaucoup de travail : il faut détruire constamment les mauvaises herbes; il faut biner les plates-bandes, butter les pommes de terre, arroser quand le temps est sec, etc.

4. Au fond du jardin est le *verger* rempli d'arbres à fruits, comme les pommiers, les poiriers, les cerisiers, les pruniers. On y voit aussi des arbustes comme la vigne, les groseilliers et les framboisiers.

5. A la fin de l'hiver, on taille les arbres; pendant l'été, on les débarrasse des malfaisantes chenilles.

LE JARDIN

EXERCICES ORAUX

1. De quoi sont bordées les allées du jardin? — Indiquez des fleurs cultivées dans le jardin.

2. Qu'appelle-t-on potager? — Comment prépare-t-on la terre du potager? — *Comment fait-on pour planter des haricots? — Quelles sont les salades que vous connaissez?*

3. *Pourquoi faut-il arracher les mauvaises herbes dans le jardin? — Pourquoi rame-t-on les pois?*

4. *Qu'est-ce qu'un verger?* — Quels sont les arbres du verger? — Quels sont les arbres qui portent des fruits à noyau? — Quels sont les fruits à pépins?

5. Quels sont les soins à donner aux arbres?

EXERCICES D'OBSERVATION

1. Examiner une gousse de pois ou de haricot.

2. Comparer le radis et la carotte.

DEVOIR

1. Citer six noms de légumes. (Ex. : *le haricot.*) — 2. Citer six noms d'arbres fruitiers. (Ex. : *le pommier.*) — 3. Citer trois fruits à pépins. (Ex. : *la pomme.*) — 4. Citer quatre fruits à noyau. (Ex. : *la cerise.*) — 5. Citer six noms de fleurs du jardin. (Ex. : *l'œillet.*)

LEÇON. **— On cultive dans le jardin des légumes, des arbres fruitiers et des fleurs aux couleurs variées. Le jardin est à la fois utile et agréable, mais il exige beaucoup de soins.**

On arrose le jardin en temps de sécheresse.

Le jardin! distraction et santé des enfants; source de profits pour la famille.

Par la taille, on fait produire aux arbres des fruits plus beaux et plus savoureux.

Dessins au trait.

Giroflée.

Cerises.

Grappe de groseilles.

Le coquelicot est une fleur des champs.

Une fleur complète comprend le calice, la corolle, les étamines et l'ovaire.

La fleur donne naissance au fruit qui renferme les graines.

Nous mangeons les graines du haricot, du pois.

LECTURE

1. On trouve également beaucoup de fleurs dans les champs. La petite marguerite abonde dans le gazon des pelouses ; le coucou se rencontre dans les prés ; dans les champs de blé, on trouve le coquelicot et le bleuet.

2. Ce sont les *fleurs* qui produisent les *fruits* renfermant les *graines*.

Examinez cette fleur de poirier. Elle est formée par des sortes de petites feuilles. Il y en a de vertes à l'extérieur (les *sépales*) et de blanches vers l'intérieur (les *pétales*). L'ensemble des sépales forme le *calice*; l'ensemble des pétales forme la *corolle*.

Au milieu vous voyez des petits bâtonnets jaunes : ce sont les *étamines*.

A la partie inférieure du calice de la fleur, est un renflement (l'*ovaire*), qui deviendra un *fruit*, la poire.

3. La *gousse* du haricot et du pois, la *cerise* du cerisier, le *gland* du chêne, sont aussi des fruits renfermant des graines.

Mises en terre, les graines germent et produisent de nouvelles plantes.

LES FLEURS ET LES FRUITS

EXERCICES ORAUX

1. Quelles sont les fleurs des champs que vous connaissez? — *Citez une fleur des champs qui a une bonne odeur.*

2. A quoi servent les fleurs? — *Si vous coupez une pomme ou une poire par le milieu, que trouvez-vous?* — Qu'est-ce que le calice? — Qu'est-ce que la corolle? — Quel est l'aspect des étamines? — Où se trouve l'ovaire?

3. Citez des fruits cultivés. — Citez des fruits sauvages. — *Connaissez-vous des fruits sauvages que nous pouvons manger?* — Si l'on met des graines en terre, que deviennent-elles?

La petite fille fait, pour sa maman, un bouquet de fleurs des champs.

EXERCICES D'OBSERVATION

1. Examiner une fleur d'églantier, de cerisier, de coquelicot, de pois.
2. Ouvrir un fruit et examiner les graines.

Quelques fleurs disposées avec goût suffisent pour orner la maison.

DEVOIR

Décrire une fleur en complétant les phrases suivantes à l'aide des mots de la lecture :

Le calice est l'enveloppe extérieure de la fleur, il est formé de..., appelées .... — La corolle est la seconde enveloppe de la fleur : elle est formée de .... — Au milieu de la fleur sont les ... qui ont la forme de .... — L'ovaire se transforme en ....

Les fruits flattent la vue, charment l'odorat et satisfont le goût.

***LEÇON*. — La fleur est généralement formée par de petites feuilles vertes, les sépales, puis d'autres feuilles colorées appelées pétales. Au centre de la fleur on voit les étamines, puis l'ovaire qui deviendra le fruit renfermant les graines.**

Dessins au trait.

Coupe d'une fleur.

Coupe d'une pêche.

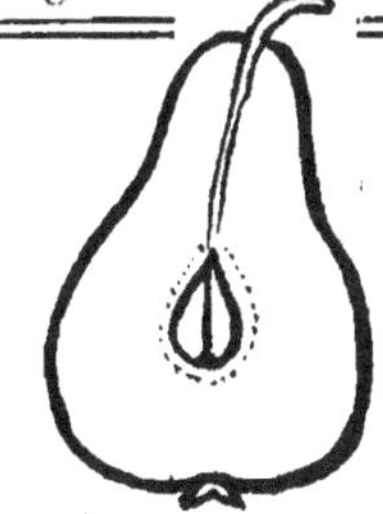

Coupe d'une poire.

LA FENAISON

La luzerne est la plus productive des plantes des prairies.

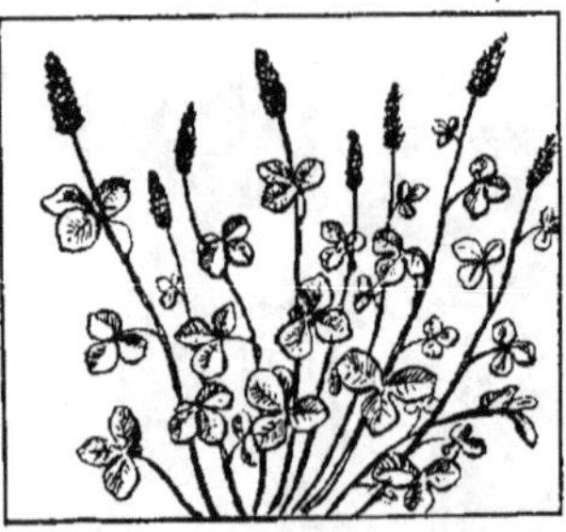

Le trèfle incarnat est surtout consommé en vert.

Le sainfoin est un excellent fourrage sec.

Le foin coupé est séché, mis en bottes et rentré.

LECTURE

1. La *fenaison* est le temps où l'on coupe les foins. Elle se fait généralement au mois de juin. Les foins, appelés aussi *fourrages*, servent à la nourriture des bestiaux.

2. L'herbe des prairies, ainsi que la luzerne, le trèfle, le sainfoin sont employés comme fourrages.

3. Quand les fourrages sont en fleurs, on les coupe à la faux. Si on les rentrait quand ils sont verts, ils seraient bientôt gâtés. Il faut donc les laisser sécher au soleil. On a soin d'ailleurs, pour les sécher complètement, de les retourner plusieurs fois pendant quelques jours, à l'aide de fourches et de râteaux : cette opération s'appellle le *fanage*.

4. On met ensuite le fourrage en bottes qu'on rentre dans la grange ou dans le grenier. C'est la provision qui sera consommée par les bestiaux pendant l'hiver.

5. Parfois, quand on manque de place à la ferme, on dispose le foin, dans les champs, en gros tas terminés en pointe au sommet, et recouverts de paille serrée. Ces tas s'appellent des *meules*.

LA FENAISON

EXERCICES ORAUX

1. Qu'est-ce que la fenaison? — A quoi servent les fourrages? — *Quels sont les animaux qui se nourrissent de fourrages?*

2. Quelles sont les principales plantes cultivées comme fourrages? — *Qu'est-ce qu'une prairie?*

3. A quel moment coupe-t-on les fourrages? — Avec quel outil le cultivateur les coupe-t-il? — Pourquoi ne doit-on pas rentrer les fourrages quand ils sont verts? — Avec quoi les retourne-t-on?

4. *Comment s'y prend-on pour faire une botte de fourrage?* — Pourquoi met-on le foin en bottes?

5. Qu'est-ce qu'une meule de fourrage? — Pourquoi la couvre-t-on de paille? — *Pourquoi la meule est-elle terminée comme un toit?*

Quelle bonne odeur dégagent les foins fraîchement coupés!

Le fourrage vert est un régal pour les bestiaux.

DEVOIR

Répondre aux questions suivantes :

1. Qu'est-ce que la fenaison? — 2. A quel instant se fait la fenaison? — 3. Comment se fait le fanage? — 4. Pourquoi faut-il faire sécher le foin avant de le rentrer? — 6. Qu'est-ce qu'une meule?

Le garçon de ferme va chercher au grenier quelques bottes de foin odorant.

LEÇON. — **Les principaux fourrages sont la luzerne, le trèfle et le sainfoin. On coupe le fourrage en été, on le laisse sécher au soleil et on le rentre. Les bestiaux le consomment en hiver.**

Dessins au trait.

Feuille de trèfle.

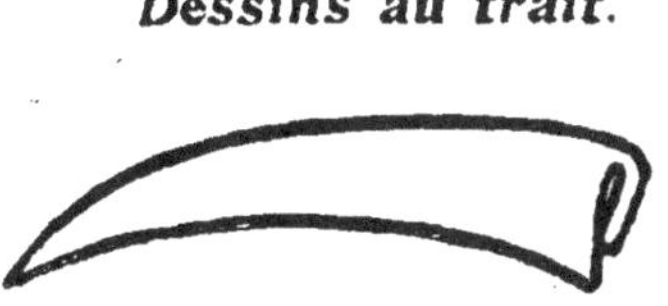

Lame de faux.

Meule de foin.

LA MOISSON

Le blé est la plus importante des céréales.

On coupe le blé soit à la main à l'aide d'une faux, soit à la machine.

Le blé, lié en gerbes, est chargé sur les voitures.

Les gerbes de blé sont entassées en meules ou rentrées dans les granges.

LECTURE

1. Quand le blé a bien mûri au soleil de l'été, on le coupe, on le lie en gerbes, puis on le rentre. Ce travail est la *moisson*.

2. Pour éviter que le blé soit mouillé par la pluie quand il est mûr, ou qu'il s'égrène à cause de la sécheresse, il faut se hâter de le couper. On coupe le blé à la faux.

Avec une machine, appelée *moissonneuse*, tirée par un cheval, on coupe le blé beaucoup plus vite qu'à la main. Cette machine fait elle-même les gerbes, et les lie avec de la ficelle.

3. Le blé en gerbes est rentré dans la grange ou mis en meules.

4. Quand les gerbes sont enlevées, les glaneurs recueillent pour eux les derniers épis qui ont échappé à la faux ou au râteau du moissonneur.

On récolte de même en été d'autres céréales, telles que le *seigle*, l'*orge* et l'*avoine*.

5. Le blé et parfois le seigle servent à faire du pain.

L'orge est surtout employée dans la fabrication de la bière.

L'avoine sert à la nourriture des chevaux, des ânes et des mulets.

LA MOISSON

Le travail des moissonneurs est très pénible.

En un jour, la moissonneuse fait le travail de 20 faucheurs.

Les glaneuses ramassent les épis laissés sur les chaumes.

EXERCICES ORAUX

1. A quelle époque coupe-t-on les blés ?

2. Pourquoi faut-il se hâter de couper le blé et de le rentrer ? — Si on laissait le blé dehors exposé à l'humidité, qu'arriverait-il ? — Avec quel outil coupe-t-on le blé ? — Qu'est-ce qu'une moissonneuse ? — Comment la moissonneuse est-elle mise en mouvement ?

3. Qu'est-ce qu'une gerbe de blé ? — Où rentre-t-on les gerbes ? — *Pourquoi les entasse-t-on régulièrement ? — Pourquoi se sert-on du râteau dans les champs moissonnés ?*

4. Que font les glaneurs ? — *Quelles sont les personnes qui vont glaner ?* — Citez quelques céréales qu'on moissonne aussi en été.

5. A quoi servent le blé, le seigle, l'orge, l'avoine ?

EXERCICES D'OBSERVATION

1. Examiner un épi de blé et un épi de seigle.
2. Laisser des grains de blé à l'humidité.

DEVOIR

Faire entrer dans une phrase chacun des mots suivants :

1° moisson (Ex. : *La moisson est la récolte des céréales*) ; — 2° blé ; — 3° seigle ; — 4° orge ; — 5° avoine.

LEÇON. — **En été le blé est bien mûr. On le coupe à l'aide de la faux ou d'une moissonneuse tirée par des chevaux. La farine du blé sert à préparer le pain. Sa paille est utilisée pour la nourriture ou la litière des animaux domestiques.**

Dessins au trait.

Épis de blé.

Épi d'avoine.

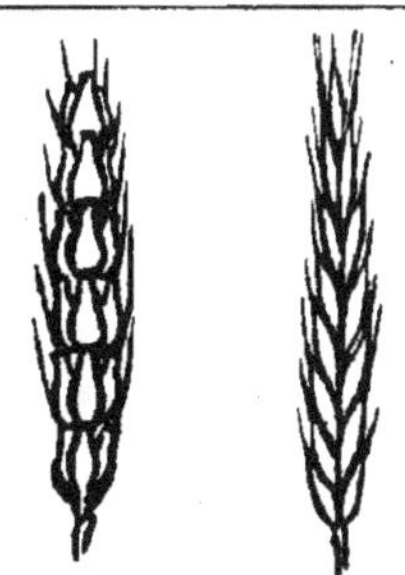
Épis d'orge et de seigle.

LES POISSONS ET LA PÊCHE

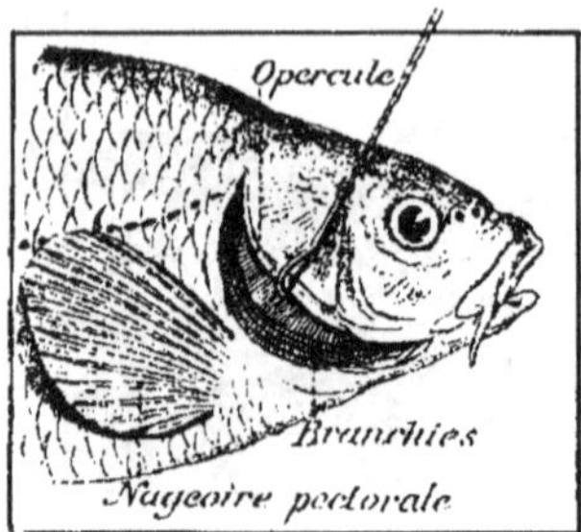

Les poissons vivent dans l'eau; ils ont la peau écailleuse.

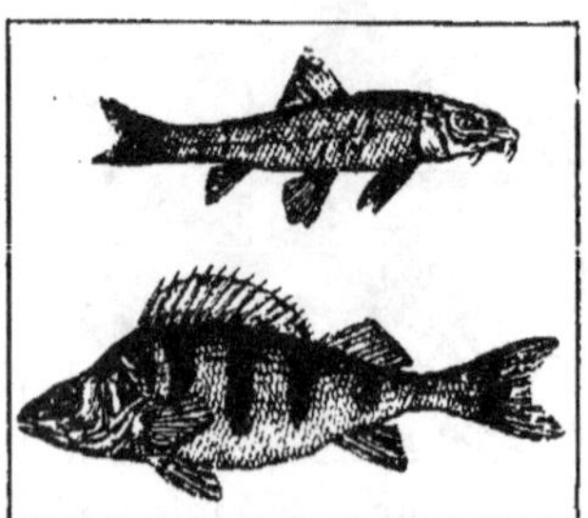

Les poissons d'eau douce ont généralement le corps allongé en fuseau.

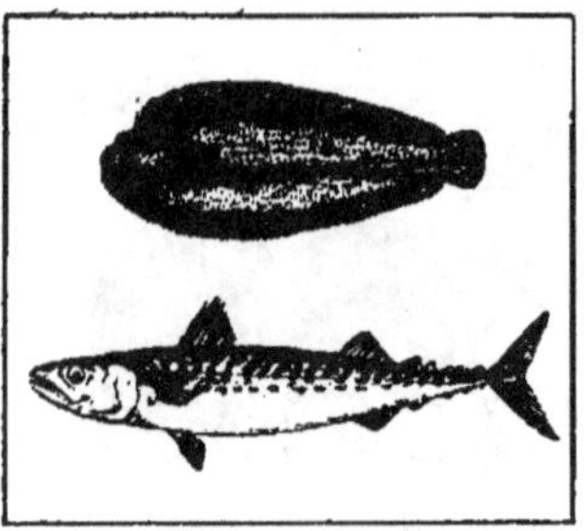

Les poissons de mer sont très variés de formes.

Tous les poissons servent à notre alimentation.

LECTURE

1. Les *poissons* vivent dans les lacs, les fleuves, les rivières et les mers. Leur corps allongé est recouvert d'écailles. Ils nagent dans l'eau à l'aide de leurs *nageoires*, aplaties comme des rames. On voit ces nageoires à l'arrière de la tête, sur le dos et à l'extrémité du corps.

2. Si vous regardez la tête d'un poisson, vous remarquez sur les côtés des sortes de lamelles rouges qui sont les *branchies*. C'est à l'aide de ces branchies que les poissons respirent l'air contenu dans l'eau.

3. La chair des poissons est légère et nourrissante. On en consomme beaucoup.

On pêche les poissons à la ligne ou au filet.

4. Les principaux poissons d'eau douce sont : le brochet, le goujon, le gardon, la tanche, la perche et la carpe qui vit de préférence dans les étangs.

5. La mer renferme beaucoup de poissons, tels que le merlan, le maquereau, la morue, la raie, le hareng et la sardine. De hardis marins, montés sur de petites barques, s'occupent à les pêcher.

LES POISSONS ET LA PÊCHE

EXERCICES ORAUX

1. Où vivent les poissons ? — Quelle est la forme générale de leur corps ? — *A quoi servent leurs écailles ?* — Comment les poissons se déplacent-ils dans l'eau ?

2. Comment les poissons respirent-ils dans l'eau ? — Où sont placées les branchies ? — *Les poissons peuvent-ils vivre hors de l'eau ?*

3. Pourquoi pêche-t-on les poissons ? — De quels instruments se sert-on pour pêcher ? — *Comment est faite la ligne du pêcheur ?*

4. Quels poissons pêche-t-on dans nos rivières ? — *Comment fait-on pour pêcher à la ligne ?* — Où vit la carpe ?

5. Quels sont les principaux poissons de mer ? — Quel est celui que vous connaissez le mieux ? — *Les poissons pêchés sont-ils toujours consommés à l'état frais ?*

La pêche en rivière à l'aide de l'épervier.

La pêche en mer à l'aide du chalut attaché à l'arrière du bateau.

DEVOIR

Écrivez d'abord les noms des poissons d'eau de mer et ceux des poissons d'eau douce.

La limande, la carpe, le maquereau, la morue, le thon, le carrelet, la perche, le brochet, le hareng, la sardine, le goujon, le turbot, le requin, la tanche, le merlan, la raie, la sole.

Chaque année des navires partent pour Terre-Neuve pêcher la morue.

LEÇON. — **Les poissons vivent dans les rivières, les lacs ou les mers. Ils nagent à l'aide de leurs nageoires et respirent par des branchies. Leur chair est estimée. Beaucoup de marins sont occupés à la pêche des poissons de mer.**

Dessins au trait.

Poissons. **Épuisette.** **Raie.**

4 à 5 kilomètres par heure à pied : 8 km en voiture.

La lourde diligence d'il y a 100 ans : 6 à 8 km à l'heure.

Le chemin de fer, l'automobile : 60 km au moins à l'heure; la bicyclette : 20 km.

Moyens de transport de demain : dirigeable, aéroplane.

LECTURE

1. Voici les vacances! On va se reposer pendant les vacances. On va pouvoir aussi se promener à la campagne ou dans les bois, à la montagne ou à la mer.

2. Le piéton voyage à pied, le cavalier à cheval, le cycliste sur sa bicyclette.

Dans les villes, on se rend d'un point à un autre à l'aide des omnibus, des tramways, des autobus ou des automobiles.

3. Si l'on veut faire de longs trajets, on prend le chemin de fer ou le bateau.

4. Il y a une centaine d'années, quand il s'agissait de faire un voyage, il fallait se faire transporter dans de lourdes voitures, appelées diligences, qui mettaient presque une semaine, par exemple, pour aller de Paris à Lyon. Aujourd'hui les trains express et les automobiles franchissent la distance de Paris à Lyon en huit à dix heures!

5. Depuis peu de temps, on a trouvé le moyen de diriger les ballons. Peut-être pourrez-vous, dans un avenir assez proche, faire un grand voyage en ballon dirigeable ou en aéroplane!

LES VACANCES; LES VOYAGES

EXERCICES ORAUX

1. Que fait-on pendant les vacances? — Quels sont les avantages du voyage à pied, à bicyclette? — Quels sont les inconvénients du voyage à cheval?

2. Comment circule-t-on dans les villes? — *Pourquoi les tramways et les autobus sont-ils très utiles dans les villes?*

3. Quel moyen de transport emploie-t-on pour faire de grands voyages? — Qu'est-ce que la locomotive? — *Qu'est-ce qu'un wagon? — Quel voyage avez-vous déjà fait?*

4. Qu'était-ce qu'une diligence? — Quels en étaient les inconvénients?

5. *Qu'est-ce qu'un ballon dirigeable? — Quelle différence y a-t-il entre un ballon dirigeable et un aéroplane?*

Les tramways électriques remplacent les omnibus à chevaux.

Toute la famille est venue au-devant des voyageurs.

DEVOIR

Autrefois et aujourd'hui. — Copier le texte suivant :

Au XVIIe siècle pour aller de Paris à Lyon (507 kilomètres), par voiture, on mettait 136 heures; on ne mettait plus que 100 heures à la fin du XVIIIe siècle; on mettait 45 heures en 1845. Aujourd'hui, par train rapide, on ne met plus que 7 heures 20 minutes! La vitesse moyenne, il y a 200 ans, n'atteignait pas 5 kilomètres à l'heure; elle s'élève aujourd'hui à 70 kilomètres à l'heure.

Même progrès sur mer. En 1810, il fallait un mois pour aller de France en Amérique : on met actuellement six jours!

Les derniers adieux! Les mouchoirs s'agitent. Le bateau part!

Dessins au trait.

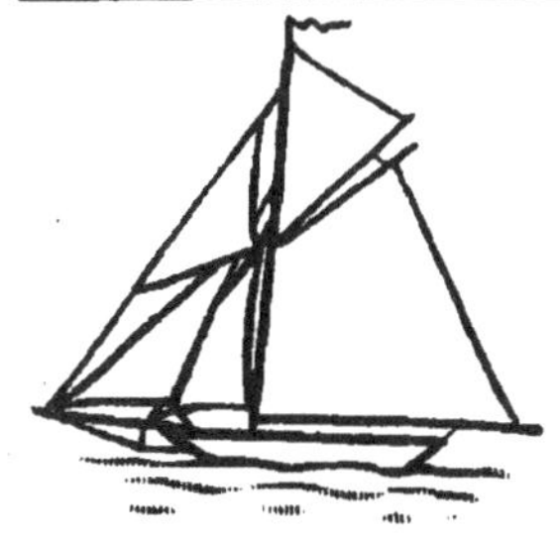

Bateau.

Automobile.

Ballon.

TABLE DES MATIÈRES

73513. — Imprimerie Lahure, 9, rue de Fleurus, à Paris.

73513. — Imprimerie LAHURE, rue de Fleurus, 9, à Paris. — 6-1914.

www.ingramcontent.com/pod-product-compliance
Lightning Source LLC
LaVergne TN
LVHW050424160826
845677LV00002BA/514